冯江　主编

揭秘夜空精灵
——蝙蝠

JIEMI YEKONG JINGLING
　　　　　　——BIANFU

中国农业出版社
北京

图书在版编目（CIP）数据

揭秘夜空精灵——蝙蝠 / 冯江主编． -- 北京 ：中国农业出版社，2020.9
ISBN 978-7-109-26752-7

Ⅰ．①揭… Ⅱ．①冯… Ⅲ．①翼手目－普及读物 Ⅳ．①Q959.833-49

中国版本图书馆CIP数据核字(2020)第062257号

中国农业出版社出版
地址：北京市朝阳区麦子店街18号楼
邮编：100125
责任编辑：周锦玉 王森鹤
责任校对：吴丽婷
印刷：北京中科印刷有限公司
版次：2020年9月第1版
印次：2020年9月北京第1次印刷
发行：新华书店北京发行所
开本：700mm×1000mm 1/16
印张：11.75
字数：200千字
定价：88.00元

编写人员

主　编　　冯　江

副主编　　刘　颖　林爱青

编　者　　冯　江　（教　授　吉林农业大学）
　　　　　刘　颖　（教　授　东北师范大学）
　　　　　林爱青　（博　士　东北师范大学）
　　　　　孙克萍　（教　授　东北师范大学）
　　　　　江廷磊　（教　授　东北师范大学）
　　　　　金龙如　（副教授　东北师范大学）
　　　　　肖艳红　（博　士　东北师范大学）
　　　　　吴　慧　（博　士　吉林农业大学）
　　　　　王　慧　（博　士　吉林农业大学）
　　　　　罗金红　（教　授　华中师范大学）
　　　　　罗　波　（博　士　西华师范大学）
　　　　　刘　森　（博　士　河南师范大学）
　　　　　黄晓宾　（博　士　大理大学）

序

　　2020 年开年，一场突如其来的新型冠状病毒肺炎疫情，把携带冠状病毒的野生动物——蝙蝠，又推到了风口浪尖。联系到 2003 年的"非典"冠状病毒的源宿主也很可能是蝙蝠，一时间，蝙蝠成了"毒王"和"病毒库"，很多人谈"蝠"色变，有人甚至去蝙蝠冬眠地进行捕杀，还有人提出必要时对蝙蝠"生态扑杀"的建议。人们之所以对蝙蝠如此恐惧，做出一些不甚理智的举动，都是源于对这个动物类群乃至对很多野生动物缺乏深入了解。

　　生态学中有一个关于物种在生态系统中作用的重要理论——铆钉假说。这个假说认为生态系统中的每个物种都好比一架精制飞机上的一颗铆钉，任何一个物种的丢失或灭绝都可能导致严重的系统变故。也就是说，每一个物种对于维持生态系统的稳定性都是举足轻重的。姑且不提那些珍稀、特有、庞大的关键物种，即使渺小如蚂蚁甚至微生物，也在生态系统的物质循环中起着不可或缺的作用。虽然我的研究对象是明星物种大熊猫，但我认为对其他野生动物的研究和保护工作同样意义重大，且任重而道远。

　　事实上，我国始终高度重视野生动物保护。早在 2015 年 12 月，习近平总书记在津巴布韦考察野生动物救助基地时就强调，野生动物是地球上所有生命和自然生态体系重要组成部分，它们的生存状况同人类可持续发展息息相关。2016 年 8 月，习近平总书记在青海调研考察时又强调，希望大家在国家政策支持下，齐心协力管护好湖泊、草原、河流、野生动物等生态资源。时至 2020 年 2 月，在中央全面依法治国委员会第三次会议上，习近平总书记更是强调，要抓紧修订完善野生动物保护法律法规，健全执法管理体制及职责，坚决取缔和严厉打击非法野生动物市场和贸易，从源头上防控重大公共卫生风险。可见，野生动物保护已经被提升至前所未有的高度。然而，做好科学保护野生动物工作的前提是提高公众对野生动物特征、习性及其在生态系统中作用的科学认知水平。

蝙蝠从某种意义上讲的确是一个天然"病毒库"。截至 2020 年 1 月，科研人员已经在蝙蝠体内检测到 200 多种病毒，其中包括狂犬病病毒、冠状病毒、丝状病毒等。与携带病毒带来的可能危害相比，蝙蝠在生态系统中的作用和价值更值得人们关注。全世界的蝙蝠几乎每晚都在辛苦劳作，吃掉成千上万吨昆虫，是很多农林害虫的克星。蝙蝠也是种子传播者和授粉者。在热带地区，多种经济作物如香蕉、芒果、榴梿和番石榴，都依赖于狐蝠传播种子或花粉。蝙蝠独特的回声定位行为、精确的空间导航、高超的飞行技能、罕见的发声学习能力、强大的免疫系统，对动物行为生态与演化、人类健康及疾病控制、仿生学等方面的研究具有重要意义，是科学家眼中的宝贝。但是，同其他野生动物一样，由于森林采伐、山洞开发、人为滥杀等原因，中国的蝙蝠数量持续下降。如今，已很难看到夏季夜空中蝙蝠成群飞舞的美丽景象。依据《中国生物多样性红色名录》，中国分布的 140 多种蝙蝠，51% 的种类处于近危等级之上。如果不加强保护，还要肆意捕杀，一旦造成物种数量的大量减少甚至灭绝，将会给自然界和人类带来不可估量的损失。

作为兽类学会理事长，我很高兴看到由冯江教授牵头撰写的、专门介绍蝙蝠这一哺乳动物第二大类群的书籍《揭秘夜空精灵——蝙蝠》出版，并为之作序。冯江教授领导的团队是国内为数不多的从事翼手目动物研究的专业团队。1995 年以来，他们一直从事蝙蝠声学、行为生态学及进化生态学的研究，是目前国内一流、国际上有重要学术影响的蝙蝠研究团队。在长达 25 年的时间里，他们潜心开展蝙蝠科学研究与保护工作，足迹几乎遍布我国各个省份，在蝙蝠回声定位、社群交流、系统发育与演化，以及蝙蝠传染病等方面取得大量创新性研究成果。他们整理最新的研究成果，出版这本科普书籍，以生动的语言和精美的图片向读者系统介绍了蝙蝠的生活习性与特征、生态价值与科研价值、携带病毒与疾病传播的关系，揭开这夜空精灵的神秘面纱。该书还介绍了人类如何与蝙蝠和谐共处，在当前新冠肺炎疫情严重的特殊时期，为我们应该如何理性对待可能会给人类带来危险的野生动物提供了科学的启迪。

我十分乐意将此书推荐给所有对野生动物好奇和热爱的读者朋友，以及从事野生动物研究与保护管理的同仁，相信它会让你重新认识蝙蝠这个神奇的动物类群。我希望能有更多类似的优秀科普读物面世，让人们深入了解这些与我们共同生活在地球上的美丽生灵，学会尊重生命、敬畏自然，共同维护地球生命共同体。我们应该坚信"它们安好，才是晴天"。

中国科学院院士
中国动物学会副理事长兼秘书长
中国兽类学会理事长

2020 年 3 月 12 日于北京　　魏辅文

前 言

　　因为"蝠"与"福"谐音、形近，所以蝙蝠在中国传统文化中始终象征福气、长寿和吉祥。但是说到蝙蝠，很多人的第一印象可能还是"神秘"。作为唯一真正会飞行的夜行性哺乳动物，蝙蝠的确有很多不为公众所了解的"秘密"。大多数人可能只有在夏季黄昏才偶尔看见蝙蝠在空中飞舞，但实际上，这些"夜空精灵"的分布相当广泛，除南极洲外，全世界各大洲都有它们的身影。而且，蝙蝠物种多样性极高，全球约 1 400 种，约占哺乳动物种的 20%，是演化最成功的类群之一。更有趣的是，蝙蝠还有很多其他动物望尘莫及的特殊技能。例如，通过精准的回声定位导航、在夜空中捕食；通过复杂多样的交流声波进行个体间"交谈"、维持社群结构；虽然头朝下倒挂休息，却头不晕、爪不酸。蝙蝠还具备独特的免疫适应能力，能与多种病毒和平共处，为人类预防和治疗传染病提供新思路。另外，蝙蝠的寿命长得让人吃惊，是同体型其他哺乳动物寿命的 3.5 倍，隐藏着健康长寿的秘诀。

　　人们同时也对蝙蝠存在着一些误解。很多人可能认为所有蝙蝠的样子都和老鼠相似，阴暗而丑陋；有些人可能认为蝙蝠都是以血为食，是可怕的"吸血鬼"；少数人甚至认为蝙蝠除了传播病毒，没有其他作用。尤其近年来"非典""新冠肺炎"等疾病的暴发，频频将蝙蝠与人类新发传染病联系起来，加之公众对蝙蝠缺乏深入了解及对传染性疾病的恐慌，致使蝙蝠在很多人眼中变成了轻易就会使人致病的"罪魁祸首"。

　　事实上，蝙蝠在生态系统中扮演着重要的角色。蝙蝠在害虫控制、种子传播、植物授粉等方面具有重要的生态价值和经济价值。它们是夜行性昆虫的主要控制者，仅在北美地区，蝙蝠每年可节省杀虫剂使用和农作物损害的费用约229 亿美元。人们食用的野生热带水果中，大约 70% 依靠蝙蝠传播种子和花粉。但是，蝙蝠繁殖速率较低，对环境变化极为敏感。受全球气候变化、人类活动、滥捕滥杀等影响，蝙蝠物种多样性受到极大威胁。全球和中国分别约 22% 和 51% 的蝙蝠物种位于近危等级之上，这意味着蝙蝠与很多其他濒危动物一样，面临着严峻的生存危机。如果蝙蝠得不到有效保护，还被人为大量捕杀，其减少和灭绝的进程将会进一步加速。一旦生态平衡被打破，可能引发连锁效应，导致不可弥补的生态损失和经济损失。

出于这样的担忧，我们认为，作为多年来一直从事动物行为生态和保护工作的研究团队，有义务向公众还原蝙蝠这一动物类群的真实形象。因此，我们查阅了大量文献，并整合本团队近 25 年的研究成果，编撰了《揭秘夜空精灵——蝙蝠》一书。力图将专业科研成果通俗化，深入浅出地向更多的非专业人士传播蝙蝠相关的科学知识，让大家了解蝙蝠在生态系统和人类福祉中不可替代的作用。读完这本书，如果您能够从此理性地对待蝙蝠，多一份对它们的爱护，我们将倍感欣慰。同时，我们也希望这本书能够起到抛砖引玉的作用，引起公众对更多野生动物的兴趣和关注，提高人们对野生动物的保护意识，从而为构建和谐的人与自然关系奠定更广泛的群众基础。

本书内容分为三部分，每部分包括若干个问题。第一部分揭示了蝙蝠的秘密，主要阐述蝙蝠的形态特征、多样性与分布、生态习性及其携带的病毒，由冯江、刘颖、孙克萍、江廷磊、金龙如、林爱青、罗波、吴慧、肖艳红、王慧等编写；第二部分重点阐述蝙蝠的生态价值、经济价值和科研价值，由刘颖、孙克萍、罗金红、江廷磊、林爱青、吴慧、肖艳红、王慧等编写；第三部分阐述蝙蝠与人类之间的关系，提出了蝙蝠防护与保护建议，由刘颖、孙克萍、金龙如、罗波、黄晓宾等编写。另外，适碧叶、顾浩、寇馨元、冷海霞、张迪、刘莹莹、孙淙南、张亢亢、江婷婷、刘森、李奥强、丁甲南、韩福杰等对本书的编写工作也做出了极大的贡献，在此一并表示衷心的感谢！

本书的编写得到了中国农业出版社的大力支持，相关图片获得国际蝙蝠摄影大师 Merlin Tuttle 授权出版，在此一并表示诚挚感谢。

由于编者水平有限，时间仓促，难免存在不当和疏漏之处，敬请读者批评指正。

编 者

2020 年 3 月 10 日

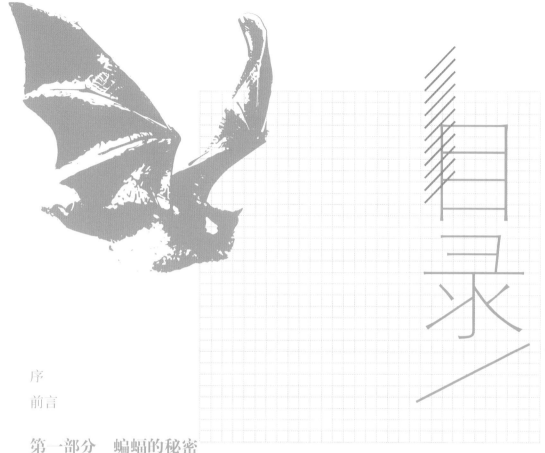

第一部分 —— 蝙蝠的秘密

1. 蝙蝠是什么？是老鼠吃盐变的吗？

　　夏季黄昏，在乡村时常能看到像鸟一样的身影在夜空中穿梭。这种身影偶尔在城市的公园或河流水面上也能见到。仔细观察会发现它们和鸟又有些不同。它们喜欢在一小片空中来回飞行，每隔几秒钟就上演一段变向与漂移。当飞向房屋、树木或水面，眼看就要撞上时，它们总能华丽转身，化险为夷。它们就是本书的主人公——蝙蝠。

　　蝙蝠是什么？蝙蝠昼伏夜出，行踪诡秘，大多数人并没有亲眼见过，对这类神秘动物知之甚少。民间有种传说：蝙蝠是老鼠偷吃盐后变的。于是，蝙蝠也被称为"盐老鼠"。当然，这种传言并无科学依据，事实上蝙蝠和鼠类（啮齿目动物）连亲戚都算不上，蝙蝠与食肉类（虎、熊）、有蹄类（马、牛）、鲸类（鲸、海豚）的亲缘关系比与鼠类的更近。尽管如此，蝙蝠和鼠类都属于哺乳动物，和人一样喝母乳长大。

　　蝙蝠是哺乳纲翼手目动物的俗称，包括 1 400 多个物种，属于第二大哺乳动物类群，也是唯一真正会飞的哺乳动物。因此，蝙蝠不是鸟，后者属于卵生动物，即通过产蛋繁衍后代。

　　蝙蝠的祖先是谁？又是如何演化成"夜空精灵"呢？目前普遍认为蝙蝠

图 1-1　夜幕下的墨西哥游离尾蝠群体（Merlin Tuttle 拍摄）

的祖先是树栖的小型食虫哺乳动物，生活在 6 500 万 ~7 000 万年以前，处于恐龙即将灭绝的时期。现存蝙蝠的最近共同祖先生活在距今约 6 400 万年，于 5 200 万 ~5 800 万年前分化为如今的五大蝙蝠家族：狐蝠科、菊头蝠总科、鞘尾蝠总科、兔唇蝠总科和蝙蝠总科。蝙蝠物种适应辐射的特性与植物多样性和昆虫多样性的增加密切相关。6 900 万年前，被子植物数量丰富、分布广泛，促进了昆虫的发展。昆虫多样性的增加为蝙蝠和其他哺乳动物提供了丰富的食物，带动了它们数量、种类的壮大与演化。在蝙蝠祖先出现时，白昼活动的鸟类已盛行，那时鸟类很可能是小型哺乳动物的食物竞争者甚至是捕食者，使得许多早期的哺乳动物在夜间活动。蝙蝠很可能是由其中一种小型树栖的夜行性哺乳动物演化而来。蝙蝠祖先在树枝间跳跃追逐昆虫，经过数千年演化，身体四肢间皮肤延展成滑翔翼膜，类似于鼯猴和鼯鼠。进一步演化，蝙蝠的手掌、手指骨骼极度延长，大大增加了翼膜面积，形成足够支撑飞行的翼。历经上万年的修炼，蝙蝠终于从滑翔升级为主动拍翼飞行，翱翔于夜空，成为新一代"飞侠"。飞行能力的演化使得蝙蝠捕食猎物的效率提升，被捕食的风险降低。凭借飞行和回声定位这两大特技，蝙蝠占据夜空生态位，物种数量迅速增加，地盘不断扩大，终成为夜空中神秘的"黑衣军团"（图 1-1）。

2. 蝙蝠住在哪？

蝙蝠的分布

　　蝙蝠是分布最广的陆生哺乳动物，除南极洲以外，世界各地均有分布。从阿拉斯加北部到阿根廷南部，从北极圈附近到南非南端，从森林到沙漠，从海面岛屿到海拔5 000米的高山，都有它们的踪迹。蝙蝠物种的多样性和数量通常从低纬度地区到高纬度地区逐渐减少，在热带地区种类较多。有些蝙蝠仅分布在旧大陆（欧洲、亚洲和非洲），如狐蝠科、菊头蝠科、蹄蝠科、假吸血蝠科；有些蝙蝠仅分布在新大陆（北美洲和南美洲），如叶口蝠科和髯蝠科。只有鞘尾蝠科、犬吻蝠科、蝙蝠科在新大陆和旧大陆均有分布。鞘尾蝠科物种主要分布于热带和亚热带地区；犬吻蝠科物种的分布从热带延伸到亚热带和温带地区；蝙蝠科物种则广泛分布于除南极洲以外的所有大陆。

　　在中国，从最北端的漠河到最南端的南沙群岛中的曾母暗沙，都有蝙蝠的分布。中国蝙蝠主要分布在南方地区，尤其是云南、贵州、四川、广西等喀斯特地貌地区。由于热带和亚热带地区有大量的森林，蝙蝠物种多样性较高。中国吉林、黑龙江、辽宁、内蒙古、新疆、青海和西藏地区由于纬度或海拔较高，气候寒冷干燥，蝙蝠分布较少。

蝙蝠的栖息地

蝙蝠住在哪呢？蝙蝠的栖息地是它们休息、交配、育幼等活动的重要场所，能够促进社群交流、食物消化，应对极端气候，保存能量和减少被捕食风险。正所谓"萝卜白菜，各有所爱"，不同的蝙蝠，栖息地各不相同。大多数蝙蝠种类对栖息位置有十分具体的要求，它们会考虑多种因素，诸如可利用栖息地的多少、被捕食风险、食物资源丰富度、自身的形态特征、群体大小等，最终选择一个合适的安居之所。蝙蝠通常对经过千挑万选才确定的长久栖息地"情有独钟"，即便是迁徙的物种也会每年都回到同一个栖息地。因为合适的栖息地能为蝙蝠遮风挡雨，提供家一样的安全和温暖。根据栖息地的特点，可将蝙蝠分为洞栖、树栖、裂缝栖息和人工建筑物栖息等类型。

洞栖

蝙蝠是唯一一类极度成功地利用洞穴作为永久栖息地的脊椎动物。经常栖息于洞穴的蝙蝠称为洞栖型蝙蝠。我国洞栖型蝙蝠主要包括菊头蝠科、蹄蝠科、犬吻蝠科、假吸血蝠科、长翼蝠科的所有种类，以及蝙蝠科的大部分种类如管鼻蝠、南蝠、大足鼠耳蝠、中华鼠耳蝠。洞穴是大多数蝙蝠最为常见的栖息场所，也是所有栖息地类型中资源质量最高的，类似于人类社会中的别墅。蝙蝠栖息的洞穴可以是浅浅的小矿洞，也可以是幽深的石灰岩洞；可以是人迹罕至的天然洞穴，也可以是废旧的防空洞等人工洞穴（图1-2）。

作为蝙蝠最常见的栖息场所，洞穴具有各种各样的益处。一方面，洞穴存在时间长，相对宽阔，温度和湿度稳定，有利于蝙蝠集群、保温，以及免受天气的影响和捕食者的伤害。另一方面，洞顶、洞壁和裂缝为不同蝙蝠物种提供了更多的栖息位置，栖息位置差异促进了它们形成小群体，并可保护栖息地免受其他蝙蝠群体的干扰。

树栖

除山洞外，蝙蝠也栖息在森林中树木的不同部位。例如，某些蝙蝠栖息

A

B

图 1-2　蝙蝠栖息山洞（A. 龚立新 拍摄）和洞中的白腹管鼻蝠（B. 林爱青 拍摄）

　　在树洞，也有一些蝙蝠在松散树皮构成的类似壁龛形状的地方栖息。部分蝙蝠能够仿造屋顶、墙面和百叶窗等类似的结构来栖息，甚至还有一些蝙蝠栖息在茂密树丛的树干和树叶下。

　　在山洞稀少但蝙蝠较多的热带地区，树洞成为许多蝙蝠理想的家园（图 1-3）。树洞的温度和湿度相对稳定，适宜蝙蝠居住。树洞也能在一定程度上抵御捕食者和恶劣天气的影响，为蝙蝠提供相对稳定的"小生境"和安全感。例如，埃及裂颜蝠是一种典型的树洞栖息型蝙蝠，当外界温度为45℃时，其居住的树洞内部温度不足40℃，有效地避免了高温烘烤。当然，蝙蝠栖息在树洞也有一定的局限性，如居住空间较小，且树洞最终会腐烂或掉落，需要不定期重新寻找下一个可以栖息的树洞。

除树洞外，一些热带地区的蝙蝠也栖息在树叶下或树叶中（图1-4、图1-5）。蝙蝠栖息于树叶的时间不如洞穴或树洞那样长久，会随树叶的荣枯而变化。虽然栖息时间短暂，但这种栖息方式也为蝙蝠提供了合适的场所，并促进了种群流动。例如，侏儒果蝠和洪都拉斯白蝙蝠通常把蝎尾蕉叶的肋部咬破，改造成"帐篷"，成群栖息在内。由于树叶可利用空间和承重能力的限制，这类蝙蝠往往独居或以小群体的形式栖息在树叶下侧的遮蔽处、浓密的树叶丛或精心制作的"帐篷"中。这些临时的家可保护蝙蝠免受风雨和大多数捕食者的伤害。然而，树叶极易受到环境影响，不适宜长期居住，导致蝙蝠对这类栖息地忠诚度较低。

树叶通常十分光滑，树叶下面的蝙蝠是否会一不小心掉下来呢？为了牢固地栖息在树叶下，蝙蝠演化出适应于树叶栖息的特殊结构。例如，直立栖息的新热带三色盘翼蝠和洪都拉斯白蝙蝠的手腕、脚踝上都有发育良好的吸盘，可帮助它们牢牢地吸附在蝎尾蕉叶的下面。当然，任何事物有利则有弊，吸盘的存在也限制了这些蝙蝠只能栖息在蕉叶的光滑内表面。

栖息在树叶下是极其危险的，蝙蝠如何保护自己呢？蝙蝠除借助树叶进行隐藏外，大多都具备自我隐藏的本领。它们通过特殊的颜色、图案、体态和栖息姿势等来伪装自己，一定程度上使其免受主要依靠视觉进行活动动物的伤害。例如，有的蝙蝠体色类似于水果和干枯叶子的黄色、橙色和红色，有的蝙蝠头颈部图案与环境相似，从而降低了它们被察觉的风险。一些蝙蝠面部和背部的斑点、条纹，以及伪装的假死状态可以混淆捕猎者的视听，增强自身的隐蔽性。我国分布的斑蝠，其背部和肩部存在的白色斑点和条纹，在视觉上可以隐藏身体的轮廓以弱化天敌的注意力。

除树洞和树叶外，有些蝙蝠常数只聚集在一起，直接倒挂在树枝上。这类蝙蝠受到自身体型、保护色隐蔽程度和飞行能力的影响，栖息位置可从低而隐蔽的下层树枝到高而开阔的树冠。大体型蝙蝠通常选择树木高处裸露的树枝，这是因为浓密的伞形树冠和下层植被之间的区域能为它们提供足够的飞行空间。与其他栖息方式相比，这样的树栖生活安全性不高，难以抵御恶劣的天气和防御捕食者，蝙蝠只能依靠自身较强的防卫能力、较快的飞行速度和集群优势来保护自己，并频繁更换栖息位置。在茂密的森林中，大多数阴蝙蝠亚目的物种，如冈比亚颈囊果蝠、缨蝠、灰首狐蝠等，常采用这样的栖息方式。

裂缝栖息

一些蝙蝠也栖息在岩石裂缝或松散树皮下狭窄的裂缝空间内。岩石裂缝为蝙蝠提供了相对永久的栖息场所；松散树皮下的裂缝空间温度不稳定，使蝙蝠的栖息时间十分短暂，需要蝙蝠频繁更换栖息地。裂缝栖息的蝙蝠通常独居生活，偶尔也会形成小群体。这类蝙蝠通过改变自己的活跃状态、能量消耗和栖息深度来适应裂缝空间温度的变化。例如，大真蝠喜欢几个个体形成小群体栖息在悬崖峭壁的岩石裂缝中，它们占据的岩缝需要有一定宽度的开口来便于出入；印第安纳蝠栖息在树皮的空隙下，裂缝能有效地捕捉光照热量，也为其养育后代提供了较大的空间。

我国南方及马来西亚丛生的竹林中生存着两种特别小巧的蝙蝠——扁颅蝠和褐扁颅蝠。长时间栖息于竹茎中使它们出现了特殊的形态适应，如小巧的身体、扁平的头部，可帮助其通过竹茎上的裂缝进入竹内，足和拇指处的肉垫可帮助它们抓住竹腔内光滑的表面，并在竹茎节间空腔内休息。

人工建筑物栖息

各式各样的人工建筑物，如阁楼、寺庙、旧房屋、屋顶、房檐、坟墓、防空洞、地窖、下水道、地下室、桥梁、桥洞等，为蝙蝠提供了丰富多样的栖息场所（图1-6）。许多蝙蝠也成功地适应了各种人造结构的栖息地，并利用人工建筑物来代替洞栖、树栖和裂缝栖息。人工建造的栖息场所不仅可以帮助蝙蝠躲避恶劣的天气，而且可以通过远离天敌来降低被捕食的风险。由于人类活动对蝙蝠原有栖息地的干扰和破坏，越来越多的蝙蝠被迫选择人工建筑物作为栖息地。例如，北美的莹鼠耳蝠很少栖息在自然栖息地，它们已经完全适应了在人工建筑物内栖息；中华山蝠也栖息在屋顶和房檐，甚至栖息在大学校园；每年夏季，成百上千只东方蝙蝠母系群体栖息在哈尔滨的立交桥下繁衍生息。

图 1-3　栖息在树洞中的灰长耳蝠警惕地环视四周（Merlin Tuttle 拍摄）

图 1-4　洪都拉斯白蝙蝠栖息在自己用蝎尾蕉叶制作的"帐篷"之下（Merlin Tuttle 拍摄）

图 1-5　生活在婆罗洲的哈氏彩蝠正接近一株捕虫草，这种重 4 克的蝙蝠将进入并栖息在捕
　　　虫草内。该植物已经演化出特殊的形态以吸引蝙蝠，并以蝙蝠粪便中的氮为食，与
　　　蝙蝠形成互惠（Merlin Tuttle 拍摄）

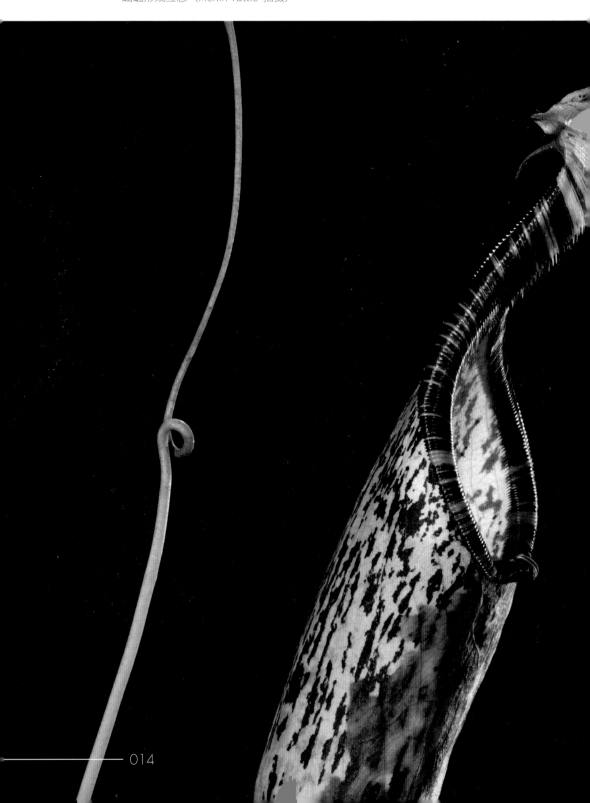

图 1-6　莹鼠耳蝠栖息在旧教堂的阁楼内（Merlin Tuttle 拍摄）

3. 蝙蝠长得都一样吗？

蝙蝠的多样性

蝙蝠在世界上有多少种类，是否长得都一样呢？全球蝙蝠物种多样性极高，目前约 1 400 种，约占所有哺乳动物物种的 20%，是哺乳动物中仅次于啮齿类动物的第二大类群。蝙蝠分为阴蝙蝠亚目和阳蝙蝠亚目两大类。

阴蝙蝠亚目包括主要以花果为食的狐蝠科蝙蝠和主要以昆虫为食的菊头蝠总科蝙蝠，共计 7 科约 66 属超 410 种。菊头蝠总科又包括 6 科，分别是鼠尾蝠科、凹脸蝠科、假吸血蝠科、三叉蝠科、菊头蝠科和蹄蝠科。

阳蝙蝠亚目包括蝙蝠总科、鞘尾蝠总科和兔唇蝠总科，共计 14 科约 164 属超 767 种。其中，蝙蝠总科包括蝙蝠科、长翼蝠科、翼腺蝠科、长腿蝠科、犬吻蝠科；鞘尾蝠总科包括夜凹脸蝠科、鞘尾蝠科；兔唇蝠总科包括吸足蝠科、短尾蝠科、烟蝠科、盘翼蝠科、兔唇蝠科、髯蝠科、叶口蝠科（图 1-7）。

中国蝙蝠物种多样性极高，包括 8 科 32 属超 140 种，约占全球蝙蝠的 10%。它们形态各异、食性多样、数量众多，共同组成了中国蝙蝠的大家庭。

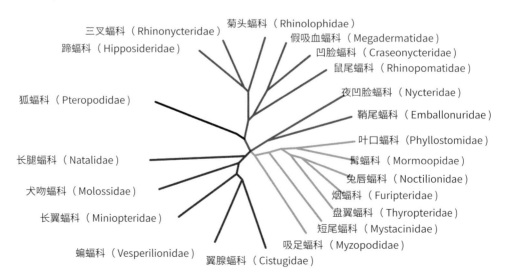

图 1-7 蝙蝠 21 科之间的系统发育关系（刘彤 绘制）

蝙蝠的形态特征

在多数人的印象中，蝙蝠似乎长得和老鼠一样，因此很多人称蝙蝠为"盐老鼠"。其实不然，蝙蝠和鼠类区别很大，是哺乳动物中形态最为多样的类群。

翼

蝙蝠作为唯一真正会飞的哺乳动物，具有与其他哺乳动物显著不同的特征——翼。翼可以看作是两层非常薄的皮肤紧贴在一起，中间有骨骼支撑的飞行结构。蝙蝠前肢特化延长而支撑着大片的翼膜，形成支撑飞行的翼（图1-8）。在蝙蝠身体前端，游离的拇指连到颈侧略呈三角形的皮膜称为前膜；往后伸展到后肢踝关节部上下的为斜膜；由后肢伸展到尾部的为尾膜。踝关节部向内侧着生软骨性的距，起辅助支撑尾膜的作用。

图1-8 普氏蹄蝠的翼（刘森 拍摄）

什么样的材质才能构成蝙蝠薄而坚韧的翼呢？蝙蝠的翼膜含有弹性纤维，从而使蝙蝠的翼能够拉紧。薄薄的肌肉层使翼膜表面保持光滑，从而创造出一个适合飞翔的翼型。蝙蝠飞行的速度、灵活性等均与其翼型相关。

黄昏的时候，会发现有些蝙蝠飞行速度极快，而有的蝙蝠飞行速度较慢，但非常灵活。蝙蝠为什么具有如此高超的飞行本领呢？科学家通常用两个指标来描述蝙蝠的翼型及其升力。第一个指标为翼展比，即翼展（翼展开的长度）的平方除以翼面积的值。翼展比数值大，意味着蝙蝠具有长而狭窄的翼型；翼展比数值小，意味着蝙蝠具有短而宽圆的翼型。长的翼允许蝙蝠快速而持久地飞行，如普通长翼蝠，飞行速度非常快，且具有长距离迁徙的本领；短而宽圆的翼型允许蝙蝠在复杂的生境中灵活地飞行，如菲菊头蝠可以在茂密的森林中自由地飞行。第二个指标为翼载，即体重除以翼面积。翼载通常与翼展比呈正相关，翼载越大，翼展比越大。低的翼载和翼展比允许蝙蝠慢速而灵活地飞行。

体型

蝙蝠的体型类似于飞机。蝙蝠身体两侧有翼，前端是头部，体躯呈椭圆形，后端有尾部。除翼之外，蝙蝠的头部、躯干部和后肢与其他哺乳动物基本类似。与其他哺乳动物不同的是，蝙蝠胸骨发达，龙骨突起，上腿骨（股骨）旋转了 180°，致使蝙蝠的膝关节向后。这种旋转使蝙蝠能够舒适地倒挂在相对平坦的表面，也保证它们在倒挂状态下比较容易起飞。蝙蝠前足拇指和后足五趾具有长的爪子，许多种类蝙蝠停息时均以爪子倒钩在物体表面，呈倒悬姿势。

不同种类蝙蝠的体型大小相差悬殊，最大的马来大狐蝠体重可达 1.5 千克左右，翼展可达 2 米（图 1–9）；最小的凹脸蝠重仅 2 克，翼展不超过 15 厘米。尽管蝙蝠体重跨度如此之大，但是大部分蝙蝠的体重都小于 50 克。因此，相对于其他哺乳动物，蝙蝠的体重偏小。

图 1–9 世界上最大的蝙蝠——马来大狐蝠（Merlin Tuttle 拍摄）

图 1-10 蝙蝠的体色
A.黑髯墓蝠（林爱青 拍摄） B.斑蝠（龚立新 拍摄）
C.渡濑氏鼠耳蝠（林爱青 拍摄）

皮肤

相对于其他哺乳动物，蝙蝠的翼通常是裸露的，皮肤明显。它们的皮肤薄而透明，却坚韧耐磨，在林间穿梭的时候，伸展的翼难免会受到一定的损伤，但十分容易恢复。如果在显微镜下观察蝙蝠的翼膜，其上下表面均具有细小而透明的毛发。翼膜上表面的毛发能帮助蝙蝠在飞行过程中控制空气流；而下表面的毛发可能有助于飞行过程中抓捕昆虫。

通常，蝙蝠的毛发呈黑色或者暗灰棕色，无形中增加了它们的神秘感。少数蝙蝠的身体和翼膜之上有黑白相间或者黑黄相间的条纹，如斑蝠和渡濑氏鼠耳蝠。一些栖息在森林中的蝙蝠，身体也会呈现明显的颜色（图1-10）。

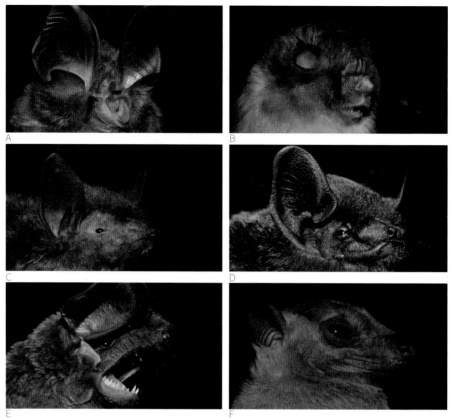

图 1-11　蝙蝠多样化的面部
　　　　A. 大耳菊头蝠；B. 三叶蹄蝠；C. 大足鼠耳蝠；
　　　　D. 灰伏翼；E. 宽耳犬吻蝠；F. 棕果蝠（Gabor Csorba　拍摄）

头部

　　长得很"丑"，是大多数人对蝙蝠的第一印象。其实它们的长相只是与众不同。大多数狐蝠科蝙蝠的面部类似缩小版的犬科动物，像极了狐狸或犬。大部分食虫蝙蝠的头部鼻吻端有着十分奇特的特征：鼻腔周围不同形状的凸起（叶状、管状或鞍状）、吻部周围的褶皱等，这些结构可能对蝙蝠发出的声信号有导向、扩增、过滤等功能。正因为这些不同的面部特征，一定程度上促进了蝙蝠物种的多样性，也增加了它们的神秘感（图 1-11）。

　　蝙蝠演化出千姿百态的耳朵听取不同的回声（图 1-12）。例如，鼠尾蝠的耳朵类似小杯状；长腿蝠的耳朵像极了漏斗；假吸血蝠的耳朵非常长；长耳蝠的耳朵巨大，几乎与身体等长，能够打褶，有利于在栖息的时候耳朵能够折叠到身体背部；而犬吻蝠科蝙蝠的耳朵紧贴头部，在前部相连，呈流线型，符合空气动力学特点，一定程度上能帮助它们快速飞行。对于不发出回声定位、

图 1-12　蝙蝠多样化的耳朵
　　A. 大蹄蝠（林爱青 拍摄）B. 大棕蝠（龚立新 拍摄）
　　C. 褐长耳蝠（郭东革 拍摄）D. 亚洲宽耳蝠（刘森 拍摄）

主要依赖视觉活动的蝙蝠，它们的外耳通常是圆形或锐圆形，缺少奇特的结构。

　　头骨形态是生物适应环境的直接体现，与动物栖息环境、食性、捕食策略、取食方式密切相关。蝙蝠的头骨几乎完全愈合，骨缝不明显。不同食性的蝙蝠头骨形态（颅骨、齿骨、下颌骨）明显不同，同一食性的蝙蝠头骨结构则十分相似。食虫蝙蝠臼齿齿冠通常有齿尖和齿脊，排列成原始的 W 形外脊，与人类的相似；喜食水果的蝙蝠臼齿齿冠相对平坦。早期的哺乳动物有 44 颗牙齿，之后由于适应多样的环境导致牙齿数量分化。蝙蝠的牙齿为 20 ～ 38 枚，常见的食虫蝙蝠有 38 颗牙齿。蝙蝠的牙齿形状和数量与其食性相关，吸血蝙蝠具有尖的獠牙，可用于刺破其他动物的皮肤，正如电影中的吸血鬼。

　　回声定位蝙蝠的眼睛非常小，不仔细观察，几乎找不到在哪里。然而，很多蝙蝠都具有一定的视力，尤其是在光照比较充足的情况下。食果蝙蝠和食蜜蝙蝠的眼睛炯炯有神，主要依赖视觉观察周围的环境。即使是回声定位蝙蝠，也能通过视力识别一定的目标。

尾部

　　大部分蝙蝠具有尾膜，位于两腿之间并包裹尾椎。当蝙蝠在低速飞行时，尾膜能够提供额外的升力，并能控制进攻的角度和起到减速的作用。尾膜也可以形成网袋的结构，辅助抓捕昆虫。大足鼠耳蝠借助尾膜和尖锐的利爪在水面捕食鱼类。大部分蝙蝠的尾和尾膜几乎等长，小部分蝙蝠的尾椎突出尾膜之外很长一段，不具备辅助抓捕猎物的作用。鼠尾蝠科蝙蝠的尾极长，当在山洞的岩壁上向后爬行的时候，它们使用尾来探索道路，类似于盲人的拐杖。

🦇 4. 蝙蝠为什么倒挂？

蝙蝠的休息方式非常奇特，大多数蝙蝠在不飞行的时候常倒挂在阁楼、屋檐、山洞内壁、桥洞和树洞等隐蔽且适宜抓握的地方（图 1-13）。蝙蝠倒挂的时候后肢负责抓握，前肢特化的翼膜就如自带的"棉被"包裹着全身。在蝙蝠分布密集的山洞里，数千只蝙蝠倒挂于山洞内，犹如点缀于穹顶的繁星（图 1-14）。它们有的倒挂着睡觉，有的倒挂着给幼仔喂奶，更不可思议的是，它们连排尿排便都是倒挂着完成。那么，蝙蝠为什么选择倒挂这种栖落方式呢？长时间的倒挂会让蝙蝠脑充血吗？后肢是怎么做到长时间紧握不松开的？倒挂的蝙蝠排尿排便会弄脏自己吗？蝙蝠是怎么从飞行状态转换姿势变为倒挂停落的呢？下文将逐一解答。

蝙蝠倒挂益处多

目前认为蝙蝠倒挂休息的习性是伴随着飞行演化出现的，具有多种优点。首先，蝙蝠倒挂能有效助力飞行。蝙蝠与可飞行的鸟类和昆虫不同，不能由地面起飞，主要原因是它们的翼相对更沉重（鸟类的翼主要由中空的骨骼和羽毛组成，蝙蝠的翼由坚固且实心的加长前肢骨骼和翼膜组成），无法产生足够的上升力供其起飞；蝙蝠后肢过短也是硬伤，造成其没有办法通过跑动来产生上升力。庆幸的是，蝙蝠可以依靠前肢或后肢爬行，爬到高处通过降落式滑行一段距离后再起飞。其次，倒挂有利于蝙蝠迅速高效地躲避潜在的捕食者（猛禽和蛇等）。蝙蝠白天休息，夜出觅食，而很多捕食者是白天活跃，可见蝙蝠与很多捕食者是"错峰出行"，但这也不能保证蝙蝠休息时的安全。而倒挂可以有效地帮助蝙蝠快速逃命，因为倒挂的休息方式恰是一种最理想

图 1-13　倒挂着的马铁菊头蝠（林爱青 拍摄）

图 1-14　倒挂于山洞中的数千只棕果蝠（江廷磊 拍摄）

图 1-15　倒挂的普氏蹄蝠母蝠抱着幼蝠（江廷磊 拍摄）

的待飞姿势，当遇到天敌，蝙蝠需要做的仅仅是"松手"，展开翅膀就能自然坠入飞行状态。最后，倒挂可以解放蝙蝠的"双手"，使母蝠可以用双翼把幼蝠抱在怀里，便于哺育后代（图 1-15）。可见，自然界中亲子拥抱不单有"熊抱"，还有"蝙蝠抱"。

脑袋不充血的秘密

蝙蝠是怎么做到长时间倒挂而头部不充血的呢？

首先，蝙蝠体型较小，最小的蝙蝠物种（凹脸蝠）体重仅 2 克，翼展不超过 15 厘米，最大的物种（马来大狐蝠）尽管翼展可达 2 米，但其体重也仅有 1.5 千克，因此它们的体重不足以很大程度地影响血液流动。

其次，蝙蝠的血管中有防逆流的瓣膜，保障了蝙蝠血液的单向流动，有效阻止其在倒挂的时候血液滞留在头部。蝙蝠的静脉壁肌肉很强劲，能节律性收缩，也能有效地促进血液流回心脏。

最后，为了支持飞行中所需的大量氧气，蝙蝠拥有整个哺乳动物界相对最大的心脏（相对自身体重）。这样的心脏运送血液的能力更强，也能保障蝙蝠倒挂时血液回流。

后肢持久抓握的秘诀

蝙蝠后肢的结构因为倒挂这种栖息方式而出现了独特的生理适应。它们的后肢有五趾，略为退化并向后旋转，五趾均具有钩爪，利于倒挂抓握。更具适应性的是蝙蝠脚趾的肌腱：一端连接在趾骨上，另一端并不连接于肌肉上，而是直接连接蝙蝠的上半身，当蝙蝠倒挂时，重力就代替了肌肉拉力，将肌腱拉紧，蝙蝠的爪子就能紧紧抓住物体。由此可见，蝙蝠不需要耗费过多能量就可以轻松倒挂，且倒挂时浑身肌肉处于放松状态，如同人们躺在床上一样感觉舒适。反倒是当蝙蝠凭借伸肌的收缩来松开爪子时，才需要消耗能量。蝙蝠倒挂使整个身体处于放松的状态时，它们的脚爪始终处于紧握的状态，所以即使有些蝙蝠在睡觉过程中死去，在重力作用下也会一直倒挂，直到外力将它取下。总之，蝙蝠通过特殊的肌腱结构实现了全身放松但双爪紧握。

不弄脏自己的秘诀

蝙蝠倒挂休息的习性不禁让人好奇倒立的它们是否会将粪便和尿液洒在身上。仔细观察会发现，清醒活跃的蝙蝠在排尿和排便时往往伴随着转头后仰的动作，这类动作叫做倾斜排尿，从而避免弄脏皮毛。有些蝙蝠也会选择让身体短暂正立，排完便后再倒立（图1-16）。而且，当蝙蝠倒挂排便时，颗粒状粪便会直接掉落在地上，不会弄脏自己，也不会弄脏自己的栖息处。

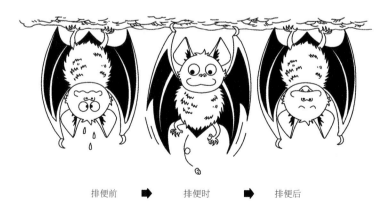

排便前　➡　排便时　➡　排便后

图1-16　蝙蝠排便时的动作

即便偶尔因操作失误弄脏了自己也无妨，因为蝙蝠和猫一样，会花很多时间梳理毛发。蝙蝠可用后爪的指甲及梳齿状的下门牙和舌头来梳理它们的毛。

停落时的姿势转换

关于蝙蝠如何做到倒挂这一动作，一项利用高速摄像机拍摄蝙蝠的研究发现，在停落的时候蝙蝠笨重的翅膀反而成为优势，在翻身的那一刻，蝙蝠会将一只翅膀拉近身体，而另一只翅膀则完全张开，以这种方式调整重心，蝙蝠就能驾驭惯性，旋转身体在几分之一秒就能完成倒挂。这样的停落方式就像花样滑冰运动员将手臂紧紧抱在身上，以此利用惯性越转越快。

5. 什么神技使蝙蝠成为夜空精灵？

蝙蝠身处漆黑复杂的环境也能捕食猎物如探囊取物般，主要是依赖于其他夜行性动物望尘莫及的神技——回声定位。蝙蝠的回声定位属于一种声呐系统，即蝙蝠发出声音，分析从环境中反射的回声，构建实时环境的"声音"图像，通过"声音"看世界（图1-17）。大多数蝙蝠通过喉部声带振动产生

图 1-17 蝙蝠应用回声定位捕食猎物（红色为回声定位声波，蓝色为回声）

图 1-18 渡濑氏鼠耳蝠从嘴发出回声定位声波（Merlin Tuttle 拍摄）

声音，从嘴或鼻腔发声（图 1-18）。狐蝠科棕果蝠属蝙蝠使用舌头敲击的声音进行回声定位；东南亚地区的少数狐蝠科蝙蝠通过拍翼产生的敲击声来判断自己与物体间的距离。然而，并不是所有蝙蝠都能回声定位。狐蝠科的大部分物种并不具备回声定位能力，这些蝙蝠多数栖息在树上而不是黑暗的山洞内，通过良好的视觉和嗅觉在夜间寻找食物。

自然界中除了蝙蝠之外，还有少数其他动物类群具有回声定位这一技能，包括鲸、海豚、鼩鼱、马岛猬、东南亚金丝雀和南美油鸟。但在所有动物中，蝙蝠的回声定位系统是最复杂和强大的。

蝙蝠回声定位的特殊性

如果把蝙蝠的回声定位行为比作一个歌手唱歌，那么这位歌手的第一个特点就是音调高。大多数蝙蝠物种的回声定位声波主频率为 20~120 千赫兹，属于超声波（图 1-19）。非洲三叉蝠的回声定位声波主频率高达 212 千赫兹。人类最高音吉尼斯世界纪录保持者是巴西歌手 Georgia Brown，她的最高音为 G10，频率约为 25 千赫兹。在蝙蝠面前，人类的高音只能算小儿科。

蝙蝠算得上顶级的"说唱"歌手。蝙蝠回声定位单个声波的持续时间较短，一般短于 5 毫秒，部分蝙蝠单个声波的持续时间为 5~70 毫秒。有些蝙蝠在捕食昆虫的最后阶段，发声速率可高达每秒 220 次，即每秒能说 220 个"歌词"，该速度秒杀所有人类的说唱歌手。

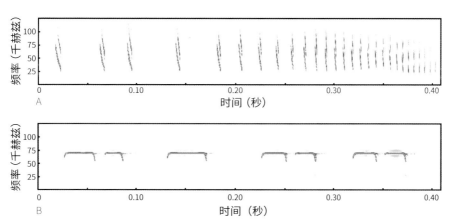

图 1-19 大足鼠耳蝠（A）和马铁菊头蝠（B）的回声定位声波

蝙蝠还属于"巨肺"歌手，声音极其洪亮。蝙蝠发出的回声定位声波音量高达 110~130 分贝，相当于喷射机起飞的声音，超过了人类听力永久损伤的音量（105 分贝）。蝙蝠的回声定位声波也存在两大缺点。第一个缺点是传播距离短。大多数蝙蝠只能探测到 20~30 米的昆虫猎物，目前发现探测距离最远的是袋翼蝠，为 60 米。200 千赫兹的回声定位声波传播距离只有 4 米。第二个缺点是信息泄露。叶蛾科等昆虫演化出听觉器官，可以"偷听"到蝙蝠的回声定位声波以躲避被捕食。但欧洲宽耳蝠等少数物种已演化出特别的捕食策略，避免昆虫"偷听"，并能够捕食具有听觉器官的昆虫。

蝙蝠强大的回声定位功能

蝙蝠的回声定位是一套智能识别系统，具有超强认知能力和调节能力。蝙蝠能够通过回声定位感知环境进行导航，躲避障碍物，选择目标及做出选择，且蝙蝠可以快速识别环境特征，并根据环境变化来连续改变回声定位声波特征。蝙蝠的认知能力和调节能力确保其面对复杂环境时游刃有余。蝙蝠回声定位的智能性远超当今人类所拥有的雷达系统。

蝙蝠的回声定位犹如一部动态扫描显微镜，具有很强的分辨能力，使其能够在飞行过程中轻松分辨物体的属性如大小、形状和表面纹理。在野外，蝙蝠能够穿梭于茂密的树丛，捕食只有几毫米大小的蚊虫。试验发现，莹鼠耳蝠的回声定位能够分辨 0.18 毫米粗的金属丝。

蝙蝠是一位"快枪手"，回声定位调控极为神速。蝙蝠飞行过程中面对的环境复杂多变，这对回声定位行为的调控速度形成了巨大挑战。然而，蝙蝠可以快速调节发声特征以应对不断变化的环境。例如，蝙蝠面对环境噪声干扰时能在几十毫秒内调整回声定位声波，这是迄今发现的最快速的哺乳动物适应性感官运动调控行为。

蝙蝠也是一位"神枪手"，回声定位极为精准。菊头蝠、蹄蝠、帕氏髯蝠等蝙蝠的回声定位调控的精确度高达 0.06%，是人类 10 米气手枪射击世界冠军射击精确度的 100 倍。蝙蝠的回声定位是动物界最精准的运动控制行为之一。

蝙蝠的回声定位具有超强的抗干扰能力，能够在大量背景噪声下识别自己的回声定位声波及目标物的回声。成千上万只蝙蝠在傍晚集群飞出栖息地，每只蝙蝠仍然可以准确地识别自己的回声定位声波，其抗干扰能力令人惊讶。

蝙蝠的回声定位还是一部飞行的智能卫星导航系统。回声定位蝙蝠能够建立实时的三维空间"声音"地图，实现空间导航和长距离迁徙。例如，欧洲褐山蝠和纳氏伏翼一次迁徙距离可达 2 000 千米。它们基于回声定位听觉感官的导航系统与鸟类等基于视觉或磁场的导航机制不同。

🦇 6. 蝙蝠吃什么？都吸血吗？

"民以食为天"，该法则对于蝙蝠也不例外。成年蝙蝠超级能吃，每晚摄食量超过自身体重的 25%，是自然界实至名归的"大胃王"。假设一只成年蝙蝠的体重为 12 克，一百万只蝙蝠构成的群体每晚将消耗 3 吨食物，这些食物至少需要 1 辆重型卡车托运。问题是，蝙蝠每晚吃什么？是漫山遍野的草果，清脆爽口的蔬菜，还是传说中那鲜红的血液？

其实，有些蝙蝠是"素食者"，如狐蝠和大部分叶口蝠采食野生或经济植物的果实、花蜜、花粉及嫩叶。植食性蝙蝠在进食期间，身体能够携带和传播大量花粉，摄入体内的种子经过消化道后伴随粪便排出，有利于种子萌发，使蝙蝠与植物形成良好的互惠关系（图 1-20）。植食性蝙蝠喜爱的花果与众不同，具体表现为：①花形如钟或刷子，花果体积大；②花蜜数量多，浓度低；③花色为绿色、紫色、褐色或白色；④多在夜晚开花，开花周期较长；⑤花果凸出于树枝；⑥花味浓厚，强烈刺鼻。

植食性蝙蝠的食谱都相同吗？答案是否定的。牙买加果蝠摄食树胡椒、山枇杷、文定果和蜜莓等；小长舌蝠主要取采食仙人掌花、龙舌兰花、木棉花及仙人掌果实；犬蝠采食芒果、浆果乌桕果、对叶榕果、番石榴及紫叶琼楠叶等。

图 1-20　小颈囊果蝠取食无花果（Merlin Tuttle 拍摄）

图 1-21　巴拿马的一只缨唇蝠正在捕食昆虫（Merlin Tuttle 拍摄）

　　70% 的蝙蝠物种是食虫蝠。它们是蛾、蚊、甲虫及叶蝉等夜行性昆虫的克星（图 1-21）。少数食虫蝠也捕食蜘蛛和蝎子（图 1-22）。各种食虫蝠拥有独特的食物偏好。例如，巴西犬吻蝠的食物主要是蛾类；普通伏翼的食物主要是蚊和蝇；马铁菊头蝠主要捕食蛾类和甲虫；莹鼠耳蝠主要捕食蚊、蝇和蜉蝣。人们可能怀疑这些蝙蝠来自不同地区，它们的食物偏好当然不同。然而，即使生活在相同地区的食虫蝠也具有风格特异的食谱。

　　全球有 4 种蝙蝠是"捕鱼高手"，包括墨西哥兔唇蝠、索诺拉鼠耳蝠、长指鼠耳蝠及大足鼠耳蝠。鱼类富含优质蛋白，好比一份"硬菜"。食鱼蝠

飞行灵活，通过超声波或鱼类游动产生的涟漪精准探测鱼类，然后借助发达的后足、形如鱼钩的爪、强健的尾膜，采用渔民拖网式的打捞策略，捕捉池塘、湖泊和水库等水面活动的鱼类。除鱼类外，食鱼蝠也捕食节肢动物、虾类和螃蟹。墨西哥兔唇蝠捕食巴西细小银汉鱼、大西洋鲸鳀、小锯盖鱼、小虾和螃蟹等；索诺拉鼠耳蝠主要捕食鱼类和虾类，昆虫只占很小的比例；长指鼠耳蝠主要摄入食蚊鱼、昆虫和蜘蛛；大足鼠耳蝠以鳝鲏鱼、鲫鱼、小虾及昆虫等为食，食谱呈现季节性变化。

　　有14种蝙蝠是典型的"肉食者"，分别是巨裂颜蝠、印度假吸血蝠、马

图 1-22　一只苍白洞蝠正在捕捉蝎子（Merlin Tuttle 拍摄）

A   B

图 1-23　南蝠（A.龚立新 拍摄）和印度假吸血蝠（B.罗波 拍摄）

来假吸血蝠、澳大利亚假吸血蝠、非洲假吸血蝠、美洲假吸血蝠、绒假吸血蝠、
缨唇蝠、矛吻蝠、苍白洞蝠、毛翼山蝠、日本山蝠、南蝠及鲁氏暮蝠。食肉
蝠体型普遍偏大、下颌强健、飞行灵活，适于捕捉与撕咬猎物。印度假吸血蝠、
南蝠和马来假吸血蝠是我国境内仅有的三种食肉蝠（图 1-23），其余食肉蝠
分布于澳大利亚、印度、日本、索马里、美国及巴西等国。印度假吸血蝠捕
食小型鸟类、鼠类、蛙类、昆虫、蜘蛛甚至其他蝙蝠；南蝠在秋季捕食大量
迁徙鸟类和昆虫；毛翼山蝠在春季和秋季捕捉 6 科 31 种迁徙鸣禽，如大短趾
百灵等。

　　令人心惊胆战的吸血蝠真的存在吗？是的，普通吸血蝠、白翼吸血蝠
和毛腿吸血蝠专食动物血液，它们分布于美洲中部和南部，并不分布于中
国。动物血液含有大量蛋白质、水分和凝血因子，但缺乏糖类、脂类和维生素，
加之血管外神经纤维感受刺激将引起动物防御反应，导致吸血蝠面临血液凝固、
消化缺陷、营养缺陷及觅食暴露的诸多问题。吸血蝠如何解决上述问题呢？
它们拥有八大化解之道：①门齿和犬齿异常锋利，能够轻松咬破猎物皮肤；
②舌部腹侧具有纵向凹槽，形如吸管，有利于快速吸血；③口腔腺体分泌的
唾液含有血液抗凝因子、蛋白水解酶和血管舒张因子，能够有效防止血液凝固、
加速血液溢出；④四肢发达，运动敏捷，善于步行、跳跃和攀爬，降低被猎
物和捕食者发现的概率；⑤视觉退化，嗅觉发达，拥有回声定位与红外感知
能力；⑥味觉基因趋向于丢失，对甜味、苦味和鲜味并不敏感；⑦代谢和免
疫相关基因发生改变，肠道微生物组成发生特化，最大化碳水化合物吸收与
尿素降解，抵御血液致病菌侵袭；⑧悄然靠近猎物，选择血管丰富、神经较

图 1-24　普通吸血蝠吸食鸡血（Merlin Tuttle 拍摄）

少的颈部和脚部等部位吸血 （图 1-24），集群成员之间存在血液共享行为。

有关吸血蝠食血的历史尚不清楚。在人类原始社会以前，吸血蝠可能专食野生动物血液，随着家养动物的成功驯化，加之后期野生动物数量稀少，吸血蝠可能改变猎食对象，转而吸取家养动物血液。据报道，巴西境内普通吸血蝠主要吸食 4 种动物血液，即牛血、猪血、犬血及鸡血；当动物血液不足，它们也吸取当地矿工的血液。秘鲁境内普通吸血蝠吸食 7 种动物血液，包括牛血、猪血、羊血、驴血、马血、鸡血及貘血，其中牛血和猪血备受它们的喜爱；特立尼达岛的白翼吸血蝠主要吸食鸡血、鸽血和羊血，偶尔摄入牛血；巴西境内的毛腿吸血蝠主要吸食鸡血，偶尔摄入当地村民血液。

综上所述，蝙蝠具有多样的食物偏好，有的专食果实、花蜜和花粉；有的是夜行性昆虫、蜘蛛和蝎子的天敌；有的捕食鱼类、青蛙和小型鸣禽；少数甚至吸食家畜和家禽的血液。然而，全世界约 1 400 种蝙蝠，仅有 3 种美洲吸血蝠在特殊情况下才会吸取人血，在亚洲、非洲、欧洲及大洋洲无吸血蝙蝠分布。被吸血者如果不能及时注射疫苗，可能具有感染狂犬病的风险，但这种风险远低于被家犬咬伤的致病风险。

7. 蝙蝠是"独行侠"还是"群居党"?

虽然电影里的蝙蝠侠经常独来独往，行侠仗义，但在真实世界里，蝙蝠是高度集群的一类动物，是名副其实的"群居党"。

蝙蝠为什么要群居呢？首先，群居可以降低个体被捕食的风险。生活在集群中的蝙蝠，不论是在栖息时，还是在出飞时，都能减少被捕食的风险，集群越大，被捕食的概率越小，当集群达到上千只时，单只个体被捕食的风险就变得微乎其微。因此，蝙蝠虽然在捕食时为了避免食物竞争更喜欢分开捕食，但在出飞时会选择集体行动。同一物种不同大小的集群，出飞的时间也会有差别，一般大的集群出飞时间更早。除此之外，当遇到危险时，蝙蝠会发出警告声提醒同伴，也能降低集群内个体被捕食的风险。

其次，群居可以减少热量消耗。大多数蝙蝠体型都较小，而体积越小的动物散失的热量越多，因此保温对于小体型的蝙蝠来说十分重要。群居时，蝙蝠挤在一起栖息，大大减少了蝙蝠暴露在外的体表面积，可以减少热量损失。群居还赋予蝙蝠一种能力，即可以提高栖息空间的环境温度，从某种程度上改变蝙蝠所生活的环境条件，这样即使在不太温暖的栖息场所，蝙蝠也可以成功定居（图1-25）。

最后，群居有利于蝙蝠间相互帮助和信息传递。群居的蝙蝠除了能"抱团取暖"外，还能相互"带娃"。很多雌蝙蝠在春季的时候会结成一个"育儿群"，这些集群主要由母蝠和幼蝠组成，群里母蝠经常会帮助"亲戚"照顾孩子，有时甚至没有血缘关系的母蝠间也会相互帮助。当集群里的蝙蝠准备外出捕食时，通常会留下一只母蝠照看幼蝠，有时幼蝠还会被聚集到一起以便于看护，就像一个蝙蝠"托儿所"（图1-26）。生活在集群里的幼蝠也可以从母蝠那里学会如何飞行，如何找到食物资源和临时休息场所。可以说，群居帮助母蝠降低了"育儿"成本。此外，集群内个体间还会分享好的觅食地点和栖息地点信息，从而提高个体的觅食效率，减少在外捕食时间，降低被捕食风险。

既然群居好处多，集群越大优势越明显，那是否所有蝙蝠集群都很大呢？

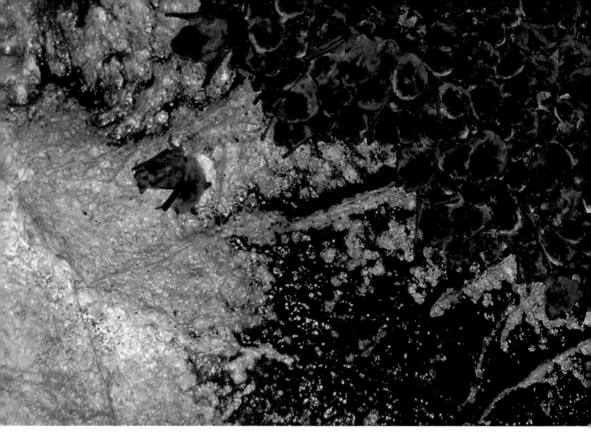

图 1-25　大趾鼠耳蝠集群（王磊　拍摄）

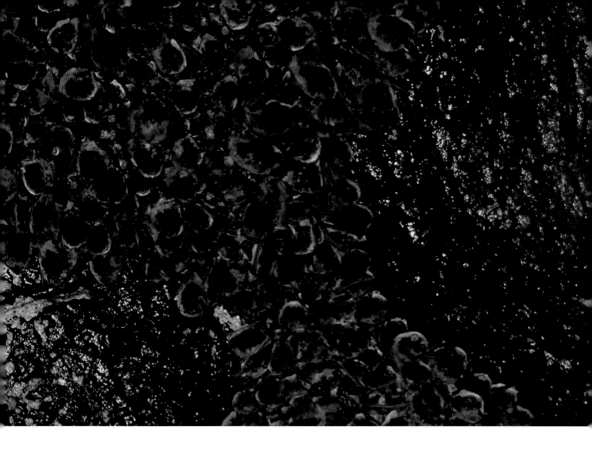

图 1-26　蝙蝠"托儿所"（刘森 拍摄）

图 1-27　墨西哥游离尾蝠集群（Merlin Tuttle 拍摄）

答案是否定的。蝙蝠集群有大有小，从几只到上千万只不等（图 1-27）。世界上最大的蝙蝠集群是生活在美国得克萨斯州布兰肯洞穴的墨西哥游离尾蝠集群。每年春季有近 2 000 万只墨西哥游离尾蝠飞到这里栖息，洞穴中蝙蝠集群密度很高，成年蝙蝠每平方米可达 1 800 只，新生蝙蝠甚至可达每平方米 5 000 只。庞大的蝙蝠群在天空中飞过时，就像一片"蝙蝠云"在天空飘过。这种壮观的景象还成为当地一处著名的旅游景点，每年吸引大批游客前来观看。除了像墨西哥游离尾蝠这样的食虫蝙蝠拥有大集群外，一些旧大陆果蝠也可以形成大集群，如 1982 年在泰国的一处山洞中，人们发现了近十万只大长舌果蝠，但由于人类过度捕食及采石导致栖息地被破坏，这些果蝠集群规模锐减，在之后的数十年内都没有恢复如初。集群如此庞大的物种并不多见，大多数蝙蝠种类形成的集群大小都在几只到几百只之间。在多数的温带蝙蝠物种中，这些小集群几乎全部由雌蝠组成，雄蝠独自栖息或者形成小的群体进行栖息。例如，马铁菊头蝠经常会形成一些小规模的母系群，里面的成员可能都是"外婆""妈妈"和"女儿"的关系；巴氏鼠耳蝠会形成包含 1~2 个母系、20~40 只雌蝠的"育儿"群。这些雌性的集群也不是一成不变，经常会再分成一些小群体。但是，由喂奶的母蝠所组成的群体通常比较牢固，不

　　易分散，这可能是由于喂奶需要消耗一定的能量，而组成这样的群体可以互帮互助，有助于减少能量消耗。雄蝠单独栖息可能是为了减少和雌蝠之间的资源竞争，毕竟"妻子们"带娃很辛苦，不能拖后腿。另外，一些栖息地更换频繁的蝙蝠物种，所形成的集群通常最小，流动性最强，类似于"游牧民族"，如盘翼蝠科和吸足蝠科的蝙蝠。还有一些蝙蝠物种，如美洲假吸血蝠通常是成对栖息。

　　蝙蝠的集群除大小不一外，形式也多种多样。例如，墨西哥游离尾蝠像候鸟一样具有迁徙行为，每年 3—10 月栖息在布兰肯洞穴里，其余时间在温暖的墨西哥度过。但是进行迁徙的通常都是雌蝠，很多雄蝠并不会"妇唱夫随"。这时原本雌、雄混居的集群，就会分成基本都是雌蝠的集群和都是雄蝠的集群，等到下一年春季雌蝠归来时，又会形成雌、雄混居的集群。另一种集群较大的蝙蝠——长翼蝠，在南、北半球都有广泛分布，集群内的蝙蝠数量也是数以万计。该物种的集群有几种不同的类型，有雌蝠组成的"育儿"群，也有雄蝠和雌蝠组成的成年蝙蝠混居群，还有由亚成体和 1 岁的小蝙蝠组成的"青少年"群。所有这些集群类型的大小和组成都会随繁殖周期发生变化，而这种变化模式也存在于菊头蝠科、蹄蝠科、鞘尾蝠科和狐蝠科蝙蝠中。例如，有一种灰首狐蝠在雌蝠分娩之前，雌、雄蝙蝠经常会"分居"，雌、雄蝙蝠栖息在不同的树上，或者以数量不等的小集群方式栖息在同一棵树上。在交配期，雌、雄蝙蝠混居在一起，但雄蝠通常占据一小块地盘来吸引雌蝠。交配结束后，雌蝠会离开雄蝠并建立自己的大集群，而雄蝠也会建立只有雄性的集群。冬季，大的集群可能还会分成一些小集群。在很多热带和亚热带蝙蝠中，如叶口蝠科的很多蝙蝠，一只雄蝠通常和一群雌蝠栖息在一起，而这些雌蝠都是这只雄蝠的"后宫佳丽"。类似的，一个包含200多只牙买加果蝠的集群里会分成很多小的群体，这些小群体由一只雄蝠统领4~18只雌蝠，有时还会有另外一只雄蝠，这只雄蝠不具备主导地位，它存在的目的可能是一旦这个群的"老大"没了，能优先于其他雄蝠接管这个群体。再比如，犬蝠也是一只雄蝠和1~37只雌蝠及这些雌蝠的"子女"组成一个集群，集群大小在干、湿两季会有变化，一般为6~14只。

由此可见，蝙蝠的集群大小和组成经常受到物种本身的栖息习惯、繁殖策略、婚配制度等方面的影响，群居也不是件简单的事。

8. 蝙蝠也能"交谈"和"八卦"？

既然蝙蝠是不折不扣的"群居党"，这么多蝙蝠挤在一起，相互之间必然要传递一定的信息，它们会有"战斗"，也会有"和平"，会有冲突，也会有合作。那么，蝙蝠通过什么方式进行交流呢？声信号必然是这些生活在黑暗中的视觉"弱者"的首选。问题是，蝙蝠用什么样的声信号"交谈"呢？还是用它们的神技——回声定位声波吗？最近有研究发现，蝙蝠的回声定位声波除用于导航、定位和捕食，也携带很多关于发声者的信息，如发声者的种类、性别、年龄，甚至身体状态和社会地位等，所谓"说者无意，听者有心"，收到回声定位声波的个体就能从中获得发声者的这些信息。另外，在一只蝙蝠寻找和捕捉猎物时，它所发出的回声定位声波也同时传达了很多捕食的信息，如猎物的位置、密度等，附近的其他蝙蝠个体还可以通过偷听捕食者的回声定位声波获取猎物的信息，提高捕食成功率。所以，回声定位声波的确也起到重要的交流作用。但是，同一种蝙蝠的回声定位声波形状相对固定、单一，就好像人类不可能只用一个字来进行对话，仅是回声定位声波显然不能满足蝙蝠在一起"八卦"的需求。

因此，除回声定位声波外，蝙蝠还会发出另一种声信号形式，专门用于和其他个体进行交流，称之为"交流声波"（social calls）。蝙蝠的交流声波与回声定位声波不同，交流声波的很多类型都是人耳能够听到的可听声，听起来与鸟类唧唧喳喳的声音很相似。这些交流声波的基本组成单位为音节，由音节组成短语，进而组成更复杂的语句，类似于人类语言的构成，即由字和词构成短语，短语组合成句子（图 1-28）。

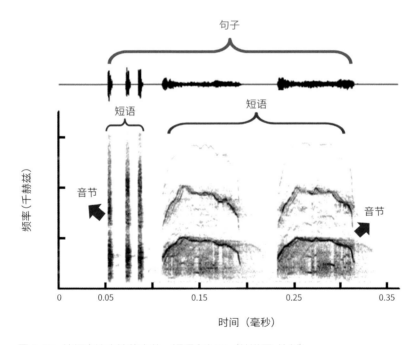

图 1-28 蝙蝠交流声波的音节、短语和句子（林洪军 绘制）

虽然交流声波复杂多样，但也不是所有的蝙蝠都有"语言天赋"，不同种类的蝙蝠拥有不同数量的交流声波音节类型。有些蝙蝠擅长"交谈"，如在中国广泛分布的马铁菊头蝠，目前发现它们有 43 种不同类型的音节，这些音节通过排列组合，又组成了不同类型的短语和句子（图 1-29）；大蹄蝠能发出 35 种音节类型；帕氏髯蝠至少能发出 19 种类似于词汇的简单音节、14种类似于复合词汇的组合音节。但是，也有一些蝙蝠的"词汇量"相对较少，如在会捕鱼的大足鼠耳蝠中，仅发现了 9 种音节类型。交流声波的复杂程度可能与蝙蝠社群的大小、群体内社会关系的复杂程度、社群内的雌雄比例等因素相关。

此外，根据蝙蝠"说话"时的背景和目的，还可以把交流声波划分为"战斗"叫声、"和平"叫声和"胁迫"叫声。

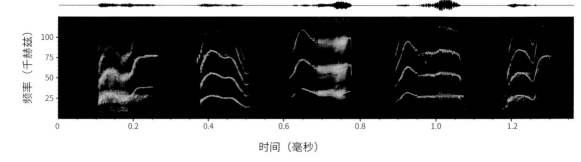

图 1-29　马铁菊头蝠交流声波音节类型（王红伟　绘制）

"战斗"叫声

激进叫声是最典型的"战斗"叫声。激进叫声在人耳听起来是"吱吱吱"或"喳喳喳"的声音，它的目的类似于"争吵"，是蝙蝠有冲突时，伴随着个体之间撕咬、拍打、推挤等攻击性行为而发出的叫声类型。激进叫声通常是由受到攻击的个体发出，但它能体现发声者的"战斗力值"，如体型大小、身体质量等，而进攻者借此判断自己的实力能否在继续的战斗中占优势，从而决定是否继续进攻。例如，一种学名为东方蝙蝠的蝙蝠，成千上万只个体群居在哈尔滨的一个立交桥下，它们通过相互推挤的方式争夺栖息位置，被推挤的个体常常发出激进叫声（图1-30），如果发声者的愤怒程度高、体型大，那么推挤个体就会停止推挤，反之则继续推挤。可见，蝙蝠的处世原则是"能吵就不动手"，它们通过激进叫声调停个体间的竞争，避免激烈打斗带来的身体伤害和能量消耗，从而维持社群结构的稳定。

"和平"叫声

"和平"叫声中比较有代表性的是联系叫声、求偶叫声和合作叫声。蝙蝠在飞行的时候，就像带了一部手机，可以通过发出联系叫声询问群体成员的位置并保持联络。相较于结构单一的回声定位声波，联系叫声携带了更详细的发声者性别、年龄、体型、攻击性、社会地位和荷尔蒙状况等信息，可以帮助同一个群体的成员进行身份识别。而且，很多蝙蝠种群都有自己特定类型的联系声波，相当于一个团队的独特暗号，通过这个暗号，群体成员可以相互识别，并区分非群体成员。例如，叶口蝠会在飞行中发出尖叫声，以协调群体成员之间的觅食活动并保护觅食场所，群体成员通过它们独特的群体暗号相互确认身份并排斥其他群体的"陌生人"。

求偶叫声和合作叫声目前只在少数蝙蝠种类中有所发现。例如，纳氏伏翼雄性个体在交配季节的"相亲会"上，就会发出包含多种音节类型的复杂叫声，通过展示和炫耀自己来"撩妹"，好像在给自己做广告宣传，所以这种叫声被称为"广告叫声"（advertisement call），是求偶叫声的一种。

吸血蝙蝠则能通过交流声波"乞讨"，没"吃饭"的蝙蝠个体发出一种特殊的合作叫声，吸引已经吃饱的同伴将食物反刍喂给自己。另外一种合作叫声出现在墨西哥的盘翼蝠中，这种蝙蝠的"住房"很特别，它们只能依靠吸盘吸附在新生、卷曲的芭蕉叶内，但是这些叶子生长超过24小时后就不再卷曲，此时蝙蝠只能"搬家"。寻找"新家"的过程中，找"房子"的蝙蝠会发出询问呼叫，类似于喊话"在哪里？"，而已经找到"房子"的同伴则会发出响应呼叫，类似于回答"在这里！"，等同伴进入叶片，响应呼叫就会停止。这两种呼叫都有群体特征，能让蝙蝠们辨别并优先接纳自己组织的成员。

"胁迫"叫声

当蝙蝠遇到危险，生命安全受到威胁时，如遇到天敌（如猛禽）或被人类抓捕，会发出"胁迫"叫声，相当于一种求救信号，是一种反捕食行为。

A

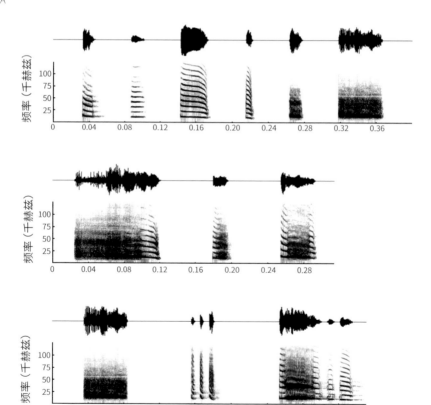

B

图1-30　东方蝙蝠（A）及其激进叫声（B）　（赵欣　绘制）

目前，学者们普遍认为蝙蝠发出"胁迫"叫声求救主要有三种作用：第一种情况是遇险个体不断"嚎叫"，发出大量的交流声波，用于吸引同伴，同伴赶来后对"敌人"发起围攻，帮助遇险个体脱险，相当于人类遇险时会喊"救命"；第二种情况是遇险个体只发出回声定位声波，但是会有明显的撕咬和拍翅，这种行为的目的是恐吓捕食者，以实现自救；第三种情况则体现了"雷锋精神"，遇险个体发出高亢的"尖叫"，也是一种交流声波，但是这种声波的目的是为了给同伴报警，提醒同伴不要出现或延迟出现以躲避危险。例如，笔者对分布在我国吉林省的大趾鼠耳蝠研究发现，大趾鼠耳蝠遇险后既有可能"嚎叫"吸引同伴来救助，也有可能发出回声定位声波自救，这取决于遇到危险的程度。通常在遇险者感觉到威胁的初级阶段，主要进行自救，而如果遇险者真的被抓住了，则会大喊"救命"。不同年龄段的大趾鼠耳蝠的遇险反应不同。成熟的个体在感受到危险时，会表现更强的撕咬和拍翅的自救行为；而幼年个体在被抓捕阶段，会发出更多求救叫声，吸引同伴的帮助。

　　交流叫声在维持动物生存、繁衍及其社群稳定中具有重要的作用。对蝙蝠发声的研究，一直集中于回声定位声波。受声波录制、个体标记和夜间观测等技术限制，蝙蝠交流声波研究起步较晚。近年来，蝙蝠社群交流研究取得了重大进展。对蝙蝠交流的研究提高了人们对动物交流的理解，但由于蝙蝠大部分生活在阴暗环境及其昼伏夜出的习性，人类对蝙蝠交流的了解仍落后于其他类群，对蝙蝠交流的认识还有许多未知的秘密等待发掘。

9. 雄蝙蝠"后宫佳丽三千"？

　　虽然蝙蝠昼伏夜出，长期隐蔽存在，但却表现出复杂且多样的繁殖行为，包括各种各样的求偶绝技。那么雌、雄蝙蝠是如何挑选自己的伴侣？蝙蝠中又有什么样的婚配制度？带着这些疑问，科学家们对蝙蝠的繁殖生态进行了大量研究，向人们展示了这个神秘类群丰富多样的求偶行为和婚配制度。

求偶

对于多数动物而言，寻找完美的伴侣是一段漫长而艰苦的旅程，蝙蝠也不例外。求偶工作一般由雄蝠来完成，大多数雄蝠在出生后一年即进入青春期，具备生殖能力，担负起繁衍后代的重任。情场如战场，繁殖季节的雄蝠使出浑身解数进行求偶，包括发出求偶叫声、展示特殊的肢体动作和飞行模式（图1–31）；有的雄蝠还表现出强烈的栖息地保护行为，严格禁止其他雄蝠进入；有的雄蝠用特殊的毛发装饰精心打扮，不过这也是危险的行为，更容易将自己暴露给捕食者，所以平时雄蝠会将这些毛发隐藏起来，只在繁殖季节展示给雌蝠欣赏；有的雄蝠甚至会制造"香水"，每到繁殖季节，利用腺体分泌出具有特殊气味的物质，增加自己的异性缘，从而顺利"脱单"。

"歌声"求偶

蝙蝠是典型的声通讯动物，很多蝙蝠在繁殖季节利用叫声求偶，如叶口蝠科、鞘尾蝠科和蝙蝠科中的一些物种。毫无疑问，擅长"唱歌"的雄蝠会更受欢迎。不同蝙蝠物种的歌声也不尽相同。来自鞘尾蝠科的大银线蝠的求偶叫声长而复杂；而来自叶口蝠科的昭短尾叶口蝠的求偶叫声相对简单，由一个可变音节连续重复构成；蝙蝠科蝙蝠更是"情场高手"，在求偶过程中，雄蝠不仅会"唱歌"，还会伴随着"舞蹈"，它们发出特殊的交流声波，同时还进行飞行表演来展示自己的魅力和交配欲望。在这里，"后宫"一词并非为博人眼球，而是真实存在，即使雄蝠真的拥有"后宫佳丽三千"，也是凭借自身过硬的求偶本领赢取。许多热带和温带的蝙蝠科物种，如爪哇大足鼠耳蝠、大鼠耳蝠、尖耳鼠耳蝠和香蕉伏翼等都是以这种"后宫"内交配的方式繁衍后代。

除雄蝠进入"后宫"内繁殖外，还有一些雄蝠会利用"歌声"将雌蝠吸引回"自己家"。例如，短尾蝠的雄性会表现出一种在求偶地的炫耀求偶行为。每当繁殖期到来，先是由4~8只雄蝠组成小团队，占据丛生的树洞作为自己的繁殖"根据地"，并严格限制其他雄蝠进入。黄昏时分，雄蝠会站在小树洞的洞口，用强烈的颤音式"歌声"向雌蝠示爱，雌蝠从中挑选喜欢的雄蝠，并飞到其树洞内与之完成交配。

"装扮"求偶

有些蝙蝠会在繁殖季节精心地"装扮"自己。有趣的是，通常是雄蝙蝠表现出这种特殊的装扮行为。实际上，雄蝙蝠的特殊"装扮"很可能属于第二性征。例如，肯尼亚的雄性小颈囊果蝠求偶时会将肩袋里隐藏的毛发展示出来，并通过"歌声"和扇动的"翅膀舞"增加自身魅力，以成功吸引雌蝙蝠。无独有偶，繁殖期间雄性查平犬吻蝠的冠羽会像雄孔雀的尾羽一样展开来吸引异性，而在非繁殖期，这些冠羽也会被隐藏起来（图1-32）。

"香水"求偶

除特殊的"装扮"外，雄蝙蝠的一些腺体也会随生殖周期发生变化，这些腺体也属于第二性征，并参与雄蝙蝠的求偶行为。犬吻蝠科中许多蝙蝠物种的喉腺具有性别二态性，雄蝙蝠的喉腺很明显，但雌蝙蝠的喉腺通常很小，甚至没有功能。繁殖期间，雄蝙蝠的喉腺增大且表现出活跃的分泌功能，如雄性邦达犬吻蝠的活性腺体会产生一种富含不饱和脂肪酸、有气味的分泌物，相当于特殊气味的"香水"。求偶过程中，雄蝙蝠将这种自制"香水"涂抹到雌蝙蝠的背和肩胛处，雌蝙蝠似乎很喜欢这种涂抹行为，并发出开心的高调叫声，随后雌、雄蝙蝠完成交配。也有研究显示，这种有气味的分泌物还具有领地标记和辅助栖息地定位的作用。

繁殖期间雌、雄蝙蝠所做的一切努力都是为了成功地繁衍后代，不同蝙蝠物种采取的求偶行为和方式不尽相同，甚至同一蝙蝠物种的不同雄性个体也会有不同的表现。除"歌声""装扮"和"香水"求偶以外，蝙蝠还可能有其他未被发现的求偶方式，期待未来有更多精彩的发现。

交配制度

90%以上的哺乳动物属于某种形式的"一夫多妻"制交配系统，只有3%的物种是"一夫一妻"制交配系统。作为哺乳动物的一员，蝙蝠的交配制度符合哺乳动物的一般模式，即大多数蝙蝠都是"一夫多妻"制，很少的蝙蝠物种采取"一夫一妻"制。实际上，蝙蝠的交配制度并非只有"一夫多妻"和"一夫一妻"，还包括"多夫多妻"甚至"一妻多夫"等更复杂的形式。

图 1-31 "相亲"中的两只小脚果蝠（Merlin Tuttle 拍摄）

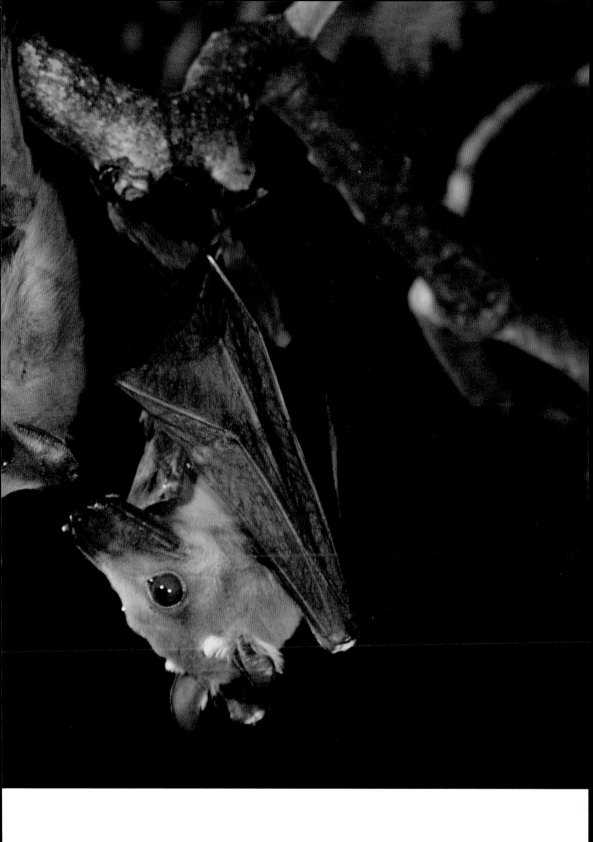

图 1-32 求偶季节查平犬吻蝠展开冠羽（Merlin Tuttle 拍摄）

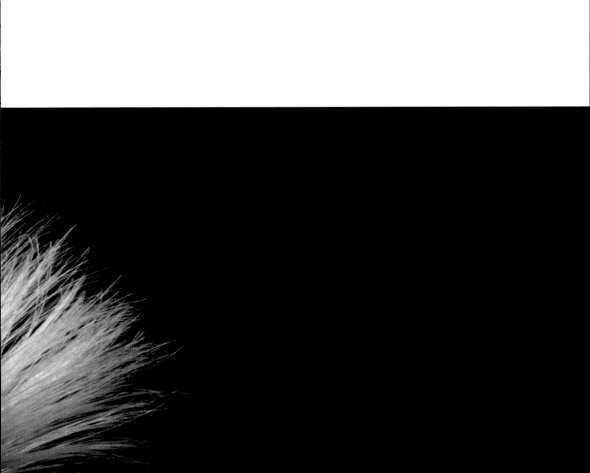

"一夫多妻"制

"一夫多妻"制是蝙蝠最常见的交配制度。"一夫多妻"交配系统中，"Harems"为重要的关键词，往往被翻译成"闺房"或者"后宫"。然而，有的学者认为在蝙蝠交配系统中利用"后宫"这个词汇并不恰当，他们认为"后宫"一词带有男性主导和女性屈从的人类中心主义内涵。然而，无论将其翻译成"闺房"还是"后宫"，都表示这是由一个雄性和多个雌性组成的交配群体，且其中的雄性拥有与这些雌性交配和繁殖的机会。尽管有"后宫"存在，很多蝙蝠物种"后宫"内的雌蝠，甚至雌、雄蝙蝠双方都会在"宫外"与其他非"后宫"内个体交配，上演蝙蝠界的宫廷大戏。

在"一夫多妻"交配系统中，组成"后宫"的雌性群体的年度稳定性或者季节稳定性差异很大。有些蝙蝠物种的雌蝠会高度稳定地生活在一起数年之久，组成了稳定的"后宫"。例如，由7~25只雌性矛吻蝠构成的"后宫"，其年度个体组成稳定性高达87%，有的雌蝠会在一起长达10年之久，有的雌蝠甚至终其一生都在一起。墨西哥兔唇蝠和棕红鼠耳蝠也都具有相似的雌性稳定群体。繁殖季节，这些稳定的雌性群体中会各有一只成年雄性，表现出对"后宫"的强烈保护行为且攻击那些企图入侵的"情敌"。矛吻蝠和墨西哥兔唇蝠雌性群体主要由年龄相仿的雌蝠组成，表明这些雌蝠是同年出生然后聚集在一起。值得一提的是，对于上述研究物种，"后宫"中雄性的替换时有发生，但并不会破坏雌蝠之间的关系，雌性个体在"后宫"中长期稳定存在，因此有学者认为是雄性个体依附于现存的雌性群体。比较有意思的是，矛吻蝠和墨西哥兔唇蝠"后宫"中雄蝠的平均年龄通常大于"后宫"外的单身雄蝠，但是身体大小却不符合这个规律，这也许说明相比于身体大小，年长雄蝠可能更具经验以获取"后宫"中雌蝠的"芳心"。小犬吻蝠雄性的体型和后宫的大小之间存在相关性，体型较大的雄性偏爱雌性个体较多的"后宫"，这也是一个有意思的现象。

另有一些蝙蝠物种也有全年性"妻妾成群"的现象，如牙买加果蝠和苍白矛吻蝠。但这些物种的雌性群体构成不稳定，雌性个体经常在多个"后宫"间迁移流动，表明雌蝠可以选择与其他"后宫"中的雄性个体交配。尽管这些雌蝠表现出较高的流动性，但其中很多雌蝠会做出最终决定，固定选择与某一"后宫"中的同一只雄蝠在一起，这仍符合"一夫多妻"制交配制度。比较特别的是，以水果和花蜜为食又会"搭帐篷"的犬蝠也会全年生活在雌性群体构成不稳定的"后宫"中。这种蝙蝠的栖息范围很广，对各种生境的适应能力较强，其中一些雄蝠通常会利用棕榈的扇状大叶子制成"帐篷"以吸引雌蝠前来栖息（图1–33）。研究人员发现，犬蝠一年有2个繁殖期，这与雄蝠一年搭2次帐篷的时间相吻合。搭帐篷行为往往会花费雄蝠相当大的精力。一顶帐篷的使用期限为1年以上，是很好的栖居环境，可容纳2~19只雌蝠，雄蝠会保护帐篷和帐篷内的雌蝠不受其他蝙蝠的侵扰。然而，不同的雌蝠对帐篷的忠诚度存在很大差异，这表明犬蝠的"后宫"并不稳定。

"多夫多妻"制

其实将"多夫多妻"交配系统描述为多雄多雌交配系统更为恰当，因为真的很难确定它们之间的"夫妻关系"。有些蝙蝠组成性别混合的大集体，并在此集体中完成繁殖活动，如墨西哥游离尾蝠、大鼠耳蝠、马铁菊头蝠、加州叶鼻蝠和小长翼蝠。繁殖季开始，几只雄性个体一起在某个地方定居，共同成为此地的领导者，并发出求偶"歌声"，利用自身的腺体分泌物标记到访的雌蝠、领地或者自己，集体完成繁殖活动。

墨西哥游离尾蝠的雌、雄蝙蝠会组成性别混合的大群体一起过冬，在此期间完成交配。到了夏季，成年雌、雄蝙蝠开始分居，幼蝠和雌蝠共同生活在与雄蝠隔离的母系群体中。对大鼠耳蝠的研究发现，繁殖季的雄蝠先建立一个栖息场所，到访的雌蝠通常会与这只雄蝠待几天，彼此间深入了解。当然雌蝠还会去其他雄蝠的领地进行"相亲活动"，当雌蝠与几只不同的雄蝠接触以后，会选择最中意的雄蝠并与之交配。在此交配系统中，不仅是雌蝠处于在不同雄性领地的流动状态，雄蝠也不总是忠于自己建立的领地，而是表现出一定的流动性，可能在其他雄蝠的领地内完成交配行为。

对于吸血蝙蝠的研究发现了一些特殊的现象，一个由8~12只成年雌蝠组成的群体常常会与一个由2~10只成年雄蝠组成的群体一起构成性别混合的大群体，并且常年栖息在树洞或者山洞中。群体中的雄蝠之间经常互相争斗，似乎是为了划分交配等级以争夺雌蝠，充分体现出"情场即战场"。当然，"架"也不是白打的，那些位于雄性等级顶端的成功者往往具有最优交配权和较高的繁殖成功率，平均后代的数量是其他雄蝠的2倍之多。一个群体中，处于顶级的成年雄蝠的平均任期为17个月，因此成年雄蝠比雌蝠更频繁地在不同群体中迁移流动。印度狐蝠也具有类似的雄性等级交配系统。

图 1-33 一只雄性犬蝠（左一）与它的"后宫佳丽"（Merlin Tuttle 拍摄）

"一夫一妻"制

目前仅发现 18 种蝙蝠可能属于"一夫一妻"制，对于一个约有 1 400 个物种的大类群，可见"一夫一妻"制有多么罕见。尽管如此，蝙蝠交配系统中"一夫一妻"制的比例仍可能远高于哺乳动物的平均水平。"一夫一妻"制通常意味着"模范丈夫"或"好爸爸"的存在，"一夫一妻"制中的雄性可以为雌性配偶或幼崽提供优质的生存保障。例如，美洲假吸血蝠和黄翼蝠的雄性表现出对子代的照顾行为。采用"一夫一妻"制的蝙蝠物种可能会对雌蝠及其后代带来益处：一方面雄蝠的照顾增加了雌蝠的生存机会；另一方面雄蝠为后代提供食物，使得雌蝠能够更好地恢复且更快地进入下一个繁殖过程。

美洲假吸血蝠是目前已知的唯一一种保持长期稳定的"一夫一妻"关系，且以"大家庭"形式生存的蝙蝠物种。多对夫妻喜欢组成一个大家庭共同栖息在一起，有时可能会在同一个树洞中生活长达一年之久，并且它们的后代也喜欢和父母居住在一起。黄翼蝠也通常以夫妻成对的方式生活，捕食地很稳定，通常会在同一个捕食地待几个月。小银线蝠是一种以小集群方式存在的"一夫一妻"蝙蝠，群体包含 2~9 只个体，一雌一雄组成稳定的夫妻关系。有的群体内个体数为奇数是因为它们的后代可能会与父母一起居住。有时一些个体会改变栖息地离开原群体，但这些蝙蝠通常还会保持与原配偶的夫妻关系一直在一起。

尽管研究者们还发现一些蝙蝠物种中的雌蝠可能会与多个雄蝠交配，但尚缺乏有关一妻多夫水平的研究。然而，在这种可能的一妻多夫交配制度中，雌蝠对雄蝠的选择偏好及雌蝠多次交配的机制和进化意义均是非常有趣的研究方向。例如，雌蝠与不同雄蝠进行多次交配后，其体内可能同时存在不同雄蝠的精子。因此，有的学者认为精子竞争是雌蝠多次交配行为进化过程中一个重要且未被充分认识的因素。虽然科学家们在描述蝙蝠交配系统方面已经取得了实质性的进展，但究竟是什么因素影响或决定了蝙蝠采取哪种交配制度，仍有待进一步研究。

蝙蝠物种数量庞大，但其独特的栖息环境且昼伏夜出的行为特点，给蝙蝠求偶行为和交配机制的研究带来重重困难。尽管如此，目前研究结果已表明，蝙蝠具有丰富多样的求偶行为和交配制度。相信随着研究的不断深入、研究物种范围的扩大及先进技术方法的应用，极有可能在蝙蝠中发现其他更为独特的繁殖行为和方式，更清楚地认知这个神秘的动物群体。总而言之，蝙蝠是如此奇妙的存在，展示了多样的求偶行为和丰富的交配系统，为自然界增添了无限生趣。

10. 雌蝙蝠"为母则刚"？

独特的繁殖策略

　　与人类的 10 月怀胎不同，蝙蝠的妊娠期因种类而异，一般为 44 天到 11 个月。妊娠期长的蝙蝠，往往分布在温带地区，具有独特的繁殖对策：精子储存、延迟授精和延迟发育。具体而言，秋季结束时，雌、雄蝙蝠不约而同地飞往特定的求偶场，集群飞行中"相亲"，然后选择附近隐蔽地点完成交配，雄蝠功成身退，精子则储存在雌蝠体内，直至第二年春季从冬眠中苏醒，雌蝠才排出卵子完成授精。此时，若外界持续低温，受精卵则处于休眠状态，直至外界温度升高，胚胎才开始发育。这就意味着，即便对于同一种蝙蝠，由于每年气候差异，妊娠期也存在变化，如大耳蝠的妊娠期可在 56~100 天。但对于同一群体的同种蝙蝠而言，雌蝠的繁殖大体同步，通常 2 周内完成繁殖。此外，并非所有的雌蝠都能繁殖，除去一些未成功择偶的"大龄剩女"，即便对于成功完成交配的雌蝠，一些蝙蝠种类的不孕不育率也能达到 10%。

　　妊娠期的雌蝠能准确感知分娩时间，通常在分娩前 16~20 小时便不再外出捕食，而是留在栖息地静候待产。整个生产过程完全凭一己之力，与平时倒挂栖息不同，生产时，雌蝠依托后足倒挂，头部和身体会尽量向上，同时伸开自身的尾膜和翼膜，包裹住新出生的幼儿。非常有意思的是，与人类生产时婴儿头部先从产道出来不同，蝙蝠是身体后端先出来，头部是最后出来。这样的生产顺序尽量避免了幼蝠生产时由于翼的阻挡而导致的难产，无疑是蝙蝠适应进化的杰作。相比母亲的体型，新生幼蝠可谓是"巨婴"般存在，其体重通常占产后母亲体重的 20%~30%，而同体型的其他哺乳动物，单个子代的体重仅占母亲的 8%，即便是人类，新生儿的体重也只占到产后母亲体重的 5%~10%。

丧偶式育儿

蝙蝠多数为单胞胎，也有双胞胎，极个别的种类存在三胞胎，甚至四胞胎。由于繁殖期间，多数种类雌、雄蝙蝠分居，雌蝠会形成独立的繁殖群体，因此即便有多个子女，养育子代的重任依然由雌蝠独力承担，可谓"丧偶式育儿"的典范。然而，正所谓"为母则刚"，刚生产完的雌蝠忍着生育的极度疲惫及饥肠辘辘，马上会投入到照顾新生婴儿的行动中。雌蝠用尾膜和翼膜尽力支撑新生幼蝠，而全身赤裸、眼紧闭、耳折叠的新生幼蝠则依靠本能，奋力沿着雌蝠腹部向上攀爬，到达理想位置后，幼蝠会利用后足攀附在雌蝠腹部，同时利用奶牙，紧紧吸附在雌蝠的乳头上，吸吮乳汁。

通常直至第二天夜晚，筋疲力尽和饥饿难耐的雌蝠才能放下饱食的幼蝠，外出觅食。外出前，雌蝠会想尽办法让幼蝠从其身体脱离，幼蝠在雌蝠的授意下，能够成功倒挂在栖息处。能做到这一点，得益于幼蝠与生俱来的"巨大"的后足连爪：长度约为雌蝠的 70%（其他部位仅为雌蝠的 30% 左右），待幼蝠成功倒挂后，雌蝠外出觅食便无后顾之忧。母爱爆棚的雌蝠，夜间通常要多次返回栖息地哺乳幼蝠，这就导致哺乳期的雌蝠具有惊人的食量。例如，食虫类雌蝠每晚觅食昆虫 5 000~10 000 只，总重量达到自身体重的一半以上；而非哺乳期，雌蝠的觅食量仅占自身体重的 1/4~1/3。

抚育后代如此辛苦，使得多数种类的雌蝠不会主动抚育非亲生的幼蝠，相反，当幼蝠靠近非亲生雌蝠时，往往还会受到非亲生雌蝠的攻击和驱赶。这就产生一个疑问：群居栖息的幼蝠，外貌几乎相同，外加身处黑暗环境，雌蝠是如何成功识别自己的子代呢？答案在于幼蝠的发声含有个体信息，雌蝠能够通过叫声识别自己的幼蝠，再加上嗅觉和空间记忆等线索，使得雌蝠能够准确识别子代。然而，正所谓万事无绝对，少数种类的蝙蝠却存在共同育婴现象，雌蝠有时会哺乳非亲生的子代。此时，一个非常有意思现象出现了：

雌蝠哺乳非亲生子代时，往往是"重女轻男"——优先哺乳非亲生的雌性幼蝠。一个可能的原因是，雄蝠长大后会远走高飞，而雌蝠长大后通常会留在栖息地，与雌蝠群体分享捕食信息和栖息地，利于群体规模的保持。从这个角度而言，与人类的养儿防老不同，共同育婴的雌蝠可谓"养女防老"——即便是非亲生的女儿。此外，雌蝠哺乳非亲生子代实际上也有利于减少涨奶，从而减轻自身体重，利于轻快的飞行。

雌蝠除了哺乳，还要在栖息地随时关注幼蝠安危，若感觉受到威胁，雌蝠会带着幼蝠飞离险境。期间，雌蝠爆发出惊人的能量，在幼蝠达到其自身体重的 50%~70% 时，仍能带着幼蝠"腹重"飞行（图 1–34）。尽管有雌蝠的精心照顾，但由于自然条件的恶劣，多数种类的幼蝠从出生到断奶间的夭折率通常在 10%，且多数发生在出生后的第 1 周。幼蝠死亡的一个重要原因是，雌蝠外出觅食期间，一些幼蝠不慎跌落地面，若不能及时爬回高处，往往会被一些食肉甲虫或蛇等动物捕食。当然，若雌蝠及时返回，则有可能营救幼蝠。

依靠雌蝠的哺乳，幼蝠在新生的 2 周内，体重和前臂通常呈直线生长，随后生长逐渐变缓。2 周龄后，多数种类的幼蝠倒挂期间会不断练习鼓翼动作，3 周后能笨拙地短距离飞行，4~5 周后就能持续地灵活飞行。此时，幼蝠的体重通常达到雌蝠体重的 70%，而前臂长则达到雌蝠的 90%~95%，这就使得此时的幼蝠具有更低的翼载，利于其持续灵活地飞行。期间，一些种类的幼蝠体重甚至会因为持续练习飞行而导致稍下降。5~7 周时，多数种类的幼蝠即可完成断奶，但狐蝠科的蝙蝠则需要 15~20 周，康氏蹄蝠则需要长达 5 个月，可谓蝙蝠中的"啃老族"。

断奶后的幼蝠虽然能独立生活，但仍然受到大自然的严酷考验（遭遇天敌或其他意外），使得第一年的存活率通常不高，如莹鼠耳蝠的断奶成活率甚至低至 23%~46%。但总体而言，第一年的存活率通常在 50%~80%。一旦幸运地通过了第一年的生死考验，随着自身阅历的提升，后续存活率将大大提升到 70% 以上。1~2 年后，多数种类的蝙蝠便能达到性成熟，且一般雌蝠比雄蝠先达到性成熟。身体发育成熟的蝙蝠，在繁殖季节会跟随长辈飞往求偶场寻找异性，交配成功的雌蝠则开始新一轮的"为母则刚"。

图 1-34　小颈囊果蝠携带幼蝠 "腹重" 飞行（Merlin Tuttle 拍摄）

11. 为什么冬季很少看到蝙蝠？

　　一旦冬季降临，便不见了蝙蝠的踪影，它们去哪了？原来蝙蝠也像刺猬、松鼠一样去冬眠了。当然不是所有蝙蝠物种在冬季都会冬眠。一般进行长达几个月冬眠的大多是生活在温带地区的食虫蝙蝠。温带气候的特点是冬冷夏热，冬、夏两季温差大。伴随着这种季节变化的是蝙蝠食物资源可获得性的差别。一般到了秋季，昆虫等食物资源就会逐渐减少，在冬季达到最少，一直到第二年春季昆虫才会重新出现。这意味着以昆虫为食的蝙蝠会面临一段很长的食物资源短缺时期。食虫蝙蝠体型较小，一般体重在 2~90 克，大多数不超过 40 克，体型越小意味着身体热量散失越快，蝙蝠就需要以更快的代谢速率产生热量以维持身体的恒温性。因此，小体型的蝙蝠比大体型的蝙蝠饿得更快。正是因为体型小，食虫蝙蝠的身体能够贮存的脂肪有限，如果不采取一些措施，就很难度过冬季这段食物资源匮乏的艰难时期。因此，在长期的演化过程中，蝙蝠进化出了冬眠这一策略。冬眠期间蝙蝠的体温和代谢水平极大地降低，身体只需要产生很少的热量便可以维持冬眠状态下的生理活动，如此蝙蝠便可以顺利过冬。

　　脂肪是蝙蝠冬眠期间的主要能量来源，在冬眠前蝙蝠必须贮备足够的脂肪。每年 8—9 月份，蝙蝠会在短时间内捕食大量食物，进行"增肥"，体重能增加 20%~30%。有的蝙蝠个体甚至能将体重增加到原来的 2 倍。贮存的脂肪包括白色脂肪和褐色脂肪两种形式。白色脂肪主要分布在蝙蝠皮下和内脏周围，主要作用是将体内多余的能量以脂肪的形式储存起来，同时还能起到保温作用。褐色脂肪主要分布在蝙蝠的肩部和背部，主要作用是将脂肪转化为热量。由于褐色脂肪内部充满大量的线粒体，因此看上去呈褐色。褐色脂肪就像一个"热力公司"，在需要的时候为机体产生热量。蝙蝠体内的褐色脂肪主要帮助冬眠状态的蝙蝠产热，用于从冬眠状态中苏醒。

　　有了足够的脂肪储备后，蝙蝠就可以安心冬眠了。那么和正常状态相比，蝙蝠在冬眠期间的生理活动到底发生了怎样的变化呢？在冬眠状态下蝙蝠的体温会降低到接近于环境温度（图 1-35），并在一定范围内波动。深冬眠时，蝙蝠体温略高于环境温度 1~2℃。蝙蝠的心搏在休息状态下为每分

图 1-35 一只冬眠的渡濑氏鼠耳蝠，由于体温低于周围空气
温度，水汽在蝙蝠体表凝结（李仲乐 拍摄）

钟 250~450 次，飞行状态下为每分钟约 800 次，而冬眠状态下会降低至每分
钟 20~40 次。冬眠状态下蝙蝠的氧气摄入量降低 99%，可能一个多小时才会
呼吸一次。体温为 2℃ 的冬眠莹鼠耳蝠，其耗氧速率比正常恒温状态下慢了
140 倍。在这样的代谢速率下，蝙蝠每天只需要消耗 4 毫克左右的脂肪。此
外，冬眠状态下蝙蝠会停止流向四肢的血液供应，过量的红细胞都囤积在脾内，
使脾异常肿胀，也使得血压大幅下降。只有一些极为重要的器官如脑和心脏
仍保持正常的血液供应。大脑是机体各项生理活动的指挥官，冬眠状态下大
脑中多个神经元突触会发生退化。这些退化会减少神经系统的活动和能量消耗，
导致各项生理活动频率最小化。由于各项生理活动都被抑制甚至停止，所以
冬眠状态下蝙蝠消耗的能量极少。

当冬眠结束，蝙蝠从冬眠状态苏醒，大脑中会有一种特殊的蛋白质帮助恢复之前退化的神经元突触，从而重启大脑，恢复大脑的指挥作用。觉醒过程中蝙蝠的呼吸频率会逐渐增加，心搏也会越来越快，泵送的血液流向褐色脂肪层，使脂肪转化成能量，以热量的形式释放，随着血液流动慢慢温暖整个身体。经 10~30 分钟，蝙蝠就能完全苏醒，外出捕食。

在长达 4 个多月甚至更长时间的冬眠期，蝙蝠并不是一直处于冬眠状态，而是会偶尔觉醒，排尿、排便或者交配，然后再进入冬眠状态。这种"冬眠—觉醒—冬眠"的循环被形容为"冬眠阵"，蝙蝠的整个冬眠期由几个到几十个"冬眠阵"组成。蝙蝠在冬眠期间的觉醒需要付出代价。每觉醒 1 次需要消耗约 0.1 克的脂肪，相当于蝙蝠在深冬眠状态下约 65 天所消耗的能量。因此，如果觉醒太频繁，很可能造成贮存的脂肪不够支撑整个冬眠期。由于冬眠本身消耗的能量较少，冬眠期间蝙蝠的能量消耗主要用于冬眠期间的觉醒，所以蝙蝠冬眠期间的觉醒频率决定了它能否平安度过整个冬眠期。蝙蝠的种类和环境温度都会影响冬眠期的觉醒频率。有一些蝙蝠物种在冬眠期间的觉醒频率比其他物种高，如高音伏翼。越温暖的地区，蝙蝠觉醒越频繁，消耗的能量就越多。而在越寒冷的地区，蝙蝠则需要通过产热温暖身体，同样需要消耗能量。因此，选择一个温度合适的冬眠栖息地对于蝙蝠来说极为重要。

通常蝙蝠所选择的冬眠栖息地温度为 2~8℃。天然山洞是蝙蝠最主要的冬眠地（图 1-36）。在北方地区，地窖、建筑物的保温墙、水井、石桥、矿洞也是不错的冬眠地。在冬季温度相对较高的地区，蝙蝠较难找到温度合适的洞穴和建筑物作为冬眠栖息地，这时空心树可能成为蝙蝠的选择。但树木的隔热效果有限，树洞内温度波动较大，蝙蝠会通过集群的方式创造一个隔热保温的环境。除温度外，安全性也是蝙蝠选择冬眠栖息地的重要指标。人类及蝙蝠捕食者不仅增加了蝙蝠被捕食的风险，还增加了蝙蝠冬眠期间的觉醒次数，造成其不必要的能量消耗。出于安全性考虑，蝙蝠通常选择黑暗、隐蔽、捕食者难以接近的地方冬眠。

研究发现，生活在热带地区和中东沙漠地区的一些蝙蝠物种也具有冬眠或蛰伏行为。这种行为通常发生在长期干旱或者昆虫资源稀少的不良天气时期。在夏威夷，蝙蝠会从沿海的热带环境迁移到将近 4 000 米海拔的莫纳罗亚火山，栖息在温度合适的熔岩洞穴深处度过冬季。我国台湾一些蹄蝠也会

图 1-36　选择在山洞里冬眠的马铁菊头蝠（肖艳红 拍摄）

在冬季来临前飞到海拔 2 000 多米的山区或者一些沙坑和地下道里冬眠。

　　通过冬眠和贮存脂肪，蝙蝠能够全年栖息在同一个地区并避免长距离迁徙。有的蝙蝠种类如菊头蝠和长耳蝠，对栖息地忠诚度高，它们的"育儿地"、捕食地和冬眠栖息地之间的距离可以不超过 20 千米，甚至全年栖息在同一个地方。有的蝙蝠为了选择更好的冬眠栖息地，可能会向北迁徙。少数蝙蝠如欧洲褐山蝠和纳氏伏翼，尽管原来栖息地附近有适合过冬的地方，仍然选择长途迁徙，有时单次行程甚至长达 2 000 千米。为什么这些蝙蝠舍近求远，长途跋涉到更远的地方过冬呢？长途迁徙到更温暖的地方意味着春季来得更早，蝙蝠排卵也会更早，幼蝠出生就更早，延长了蝙蝠的繁殖期，幼蝠在出生后受到雌蝠悉心照顾的时间就更长，能更好地面对它们"蝠生"的第一个冬季。此外，早出生的蝙蝠性成熟也更早，能更早"结婚生子"，获得更好的繁殖机会。长途迁徙不仅是蝙蝠的生存策略也是繁殖策略。与多数哺乳动物一样，蝙蝠繁殖的重担基本都落在雌蝠肩上，它们需要充分利用资源喂养幼蝠，需要迁徙到"育儿地"，雄蝠则很少像雌蝠一样长距离迁徙。

12. 蝙蝠是天然的"病毒库"？

进入21世纪，出现了许多人类新发传染病，如2003年的严重急性呼吸综合征（SARS，国内称之为"非典型性肺炎"）、2012年的中东呼吸综合征（MERS）、2014年的埃博拉出血热（Ebola）及2020年的新型冠状病毒肺炎（COVID-2019），这些疾病严重地危害了人类健康和社会安定。科学家在追寻人类新发传染病的病毒宿主过程中，很多研究都将源头指向了蝙蝠，让蝙蝠以一个"病毒库"的角色多次出现在公众的视野中，甚至有人开始谈"蝠"色变。下面让我们来认识一下这个天然的"病毒库"。

病毒种类

截至2020年1月，科研人员已对全球297个种类的蝙蝠开展了病毒检测研究，共测序获得超过11 000条病毒序列，检测到29个病毒科200多种病毒（http://www.mgc.ac.cn/DBatVir/），其中包括一些与人类重大传染病相关的病原体，如狂犬病病毒、冠状病毒、丝状病毒。这些病毒与人类的健康与疾病密切相关，因此也备受关注。以下介绍蝙蝠携带的几类病毒。

狂犬病病毒

狂犬病病毒是目前研究最多的一类病毒。狂犬病病毒属于弹状病毒科狂犬病病毒属（*Lyssavirus*），外形呈弹状，核衣壳呈螺旋对称，表面具有包膜，内含单股负链RNA（图1–37），是引发狂犬病的病原体。截至2019年，经国际病毒分类委员会（ICTV）审定，狂犬病病毒属包括16种狂犬病病毒（https://talk.ictvonline.org），其中基因1型狂犬病病毒（RABV）是最常见的狂犬病病毒种类，可以感染多种哺乳动物，包括人类。除蒙哥拉狂犬病病毒（MOKV）的宿主尚不明确外，其他狂犬病病毒都在蝙蝠中发现，蝙蝠被认为是大多数狂犬病病毒的自然宿主。

然而，不同种类的蝙蝠对狂犬病病毒的敏感性差别很大，相对于蝙蝠丰富的物种多样性，已发现的携带狂犬病病毒的蝙蝠种类只占极少数。目前发

图 1-37　狂犬病病毒

现在蝙蝠中流行的狂犬病病毒绝大多数属于基因 1 型狂犬病病毒，这种病毒仅在南美洲和北美洲的蝙蝠中被检测到，而在整个东半球，包括中国在内的蝙蝠中仅检测到其他极为少见的狂犬病相关病毒，未发现基因 1 型狂犬病病毒。这说明在整个东半球，蝙蝠狂犬病病毒对人类的危害微乎其微。虽然存在蝙蝠传播家畜狂犬病的现象，但这局限于拉丁美洲的一些特定热带地区。在这些地区，分布着特有的吸血蝙蝠，它们以动物的血为唯一的食物，用锋利的牙齿咬破动物皮肤吸食血液，导致狂犬病病毒传播。但在其他地区并没有吸血蝙蝠分布。目前，全世界每年有超过 5 万人死于狂犬病，其中 99% 以上源于犬，通过其他动物包括蝙蝠将狂犬病病毒传播给人的情况极为罕见。因此，蝙蝠携带的狂犬病病毒对人类、家畜及野生动物的危害极为有限。

冠状病毒

冠状病毒是自然界广泛存在的一类病毒，隶属于冠状病毒科冠状病毒属（*Conoravirus*），病毒表面具有包膜，包膜上存在刺突，看上去像一顶皇冠，因而得名（图 1-38）。21 世纪以来，随着动物冠状病毒传染人类事件的不断发生，科学家们在追寻病原体来源的过程中，不断将蝙蝠假定为可能的源头。目前，已在蝙蝠中发现多种冠状病毒。在一些公共数据库，如美国国家生物技术信息中心（NCBI）建立的 DNA 序列数据库中，可查询到的蝙蝠冠状病毒序列超过 3 500 多条。

在已知的蝙蝠冠状病毒中，人们最为熟悉的是蝙蝠 SARS 样冠状病毒（SARSr-CoV）。对它的研究始于 2003 年非典型性肺炎的暴发，那次疫情夺走了近千人的生命，引发疫情的罪魁祸首就是 SARS 冠状病毒（SARS-

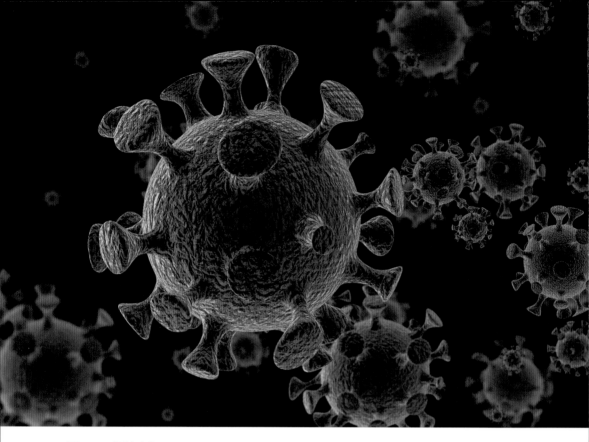

图 1-38 冠状病毒

图 1-39 血液中的丝状病毒

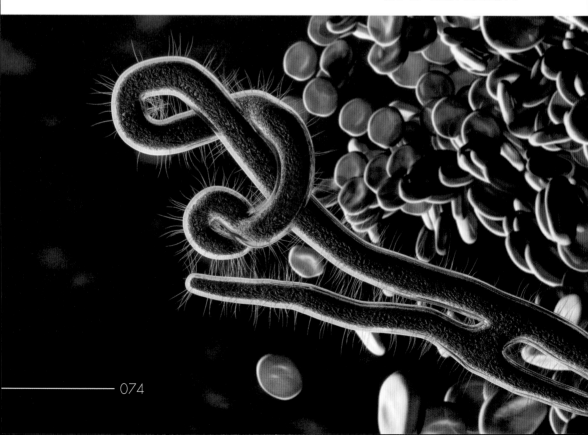

CoV）。导致非典型性肺炎的冠状病毒从何而来？经过科学家多年的持续工作，从中华菊头蝠、马铁菊头蝠、中菊头蝠和三叶蹄蝠等物种中，检测并发现了10多株蝙蝠 SARS 样冠状病毒，它们与人和果子狸的 SARS 冠状病毒的序列一致性高达 93.2%~96.0%。科学家推测，SARS 冠状病毒可能是由蝙蝠不同的 SARS 样冠状病毒重组产生。但在果子狸中分离到的病毒与人 SARS 冠状病毒更相似。因此，2003 年的非典型肺炎并不是由蝙蝠直接感染人所致，推测是蝙蝠感染了果子狸，被感染的果子狸又感染了人类，从而导致 SARS 暴发。

当 SARS 已成往事的时候，在 2020 年 1 月人类又遭遇了一种史无前例的新发传染病——新型冠状病毒肺炎（COVID-2019）。罪魁祸首仍然是冠状病毒，是一种新型冠状病毒（简称新冠病毒），国际病毒分类委员会将其命名为 SARS-CoV-2，而世界卫生组织为了避免 SARS 这个名字可能造成不必要的恐慌，将其命名为 COVID-19 virus。新冠病毒与蝙蝠有关系吗？研究显示，在早期患者样本中分离测序的新冠病毒全基因组序列与来源于一种蝙蝠的冠状病毒（RaTG13）的序列一致性高达 96.2%，表明蝙蝠似乎是新冠病毒的自然宿主。然而，疫情首发地的蝙蝠正处于冬眠状态，目前的很多研究都推测蝙蝠将新冠病毒感染人类很可能需要中间宿主。那么，新冠病毒的中间宿主是谁呢？虽然科学家发现穿山甲可能是新冠病毒的中间宿主，但不排除存在多个中间宿主的可能，仍需要进一步的科学研究。

除上述两种冠状病毒外，导致中东呼吸综合征的 MERS 冠状病毒（MERS-CoV）也曾与蝙蝠"关系紧密"。MERS 冠状病毒曾使全球大约1 200 人被感染，其中 450 多人死亡。由于蝙蝠一直被认为是病毒宿主，许多研究又一次将蝙蝠与这种危险疾病联系起来。这主要是因为有研究者在一只埃及墓蝠的粪便中获得了一个非常短的（182 个核苷酸）、相对保守的病毒序列片段，因此怀疑蝙蝠可能藏有 MERS 病毒，是 MERS 病毒的天然宿主。但是，在后续的研究中并没有发现蝙蝠携带 MERS 病毒。这一小段病毒片段虽然是从蝙蝠粪便中检测出，但不排除是蝙蝠捕食受感染的昆虫所致。实际上，后来的研究揭示骆驼更可能是感染人 MERS 病毒的真正来源。

丝状病毒

马尔堡病毒和埃博拉病毒是两种与蝙蝠相关的丝状病毒科病毒（图 1–39）。其中，马尔堡病毒曾感染乌干达地区矿洞的工人和去山洞的旅行者。后来，研究者从果蝠分离到这种丝状病毒，也是从蝙蝠中分离到的唯一的一种丝状病毒，证实蝙蝠是该病毒的自然宿。埃博拉病毒曾多次感染人类，引发严重的埃博拉出血热，最早的一次暴发于 1976 年，最近的一次则发生在 2014 年。目前，人们普遍认为蝙蝠是埃博拉病毒的源头。但 2014 年在追踪埃博拉疫情源头的过程中，美国国立卫生研究院（NIH）新闻发布会上的科学家们最初推测是一只果蝠将病毒传播到乌干达一名 2 岁儿童，但缺乏确凿证据，随后又推测该病毒最初是来源于一只游离尾蝠。然而，最近的研究都未能在蝙蝠中发现埃博拉病毒，也未能在蝙蝠体内检出埃博拉病毒的 RNA，无法证明蝙蝠感染了该病毒，因此该病毒是否源于蝙蝠仍有待证实。

其他病毒

蝙蝠可能携带其他病毒，如尼帕病毒、A 型流感病毒、流行性乙型脑炎病毒、登革热病毒、罗斯和病毒、森林脑炎病毒等。蝙蝠作为病毒的自然宿主，往往被假设为各类烈性传染病的源头。例如，狐蝠是尼帕病毒的自然宿主，猪食用蝙蝠啃食的果子，导致猪感染病毒，人通过食用猪肉被感染；将狐蝠作为澳大利亚亨德拉病毒的假定天然宿主等。实际上，无论是野生动物，还是与人类密切接触的家养动物，都携带多种病毒。由于很多疾病被推测为来源于蝙蝠或以蝙蝠作为宿主，所以科学家对蝙蝠这个类群似乎开展了更多的病毒研究。蝙蝠虽然作为许多病毒的天然宿主，但历史上病毒从蝙蝠传染到人类的事件非常罕见。

"病毒库"的成因

目前发现蝙蝠所携带的病毒中，大多数并不是从发病蝙蝠中检测或分离到的，而是在科研调查中从随机捕捉到的外表健康的蝙蝠体内获得。是什么原因让蝙蝠成为众多病毒"温暖的家"？实际上，蝙蝠成为众多疾病的"病毒库"主要是由蝙蝠的进化历史、飞行能力、较长的寿命、集群行为、回声定位，以及免疫功能等造成的。

蝙蝠具有近 6 500 万年的演化历史，它们体表保存着一些远古起源的病毒。古老的蝙蝠与病毒在演化过程中已经相互适应并和平共处。物种的古老使得蝙蝠的病毒更容易传播给其他宿主。介于生命与非生命的病毒在感染一个动物时，往往要与这个动物的细胞受体"选对钥匙开锁"才能成功"移民"。研究发现，蝙蝠体内与病毒"配对并解锁"的细胞受体在整个哺乳动物中都是较为古老的。受体越古老代表其越可能在更多动物体内存在，病毒就更容易从蝙蝠传染给其他宿主。

蝙蝠作为唯一会飞的哺乳动物，飞行行为增加了病毒的传播范围和概率。它们在气候适宜的季节几乎每个夜晚都在飞行中寻找食物，许多种类的蝙蝠在季节性迁徙中也会长途飞行，最多可飞行几千千米，增加了病毒的传播范围和概率。蝙蝠的活动范围广，不仅会接触取食的昆虫、水果和花蜜，还可能接触啮齿类动物、鸟类、灵长类动物和人等。蝙蝠取食过程中增加了病毒跨种传播的机会。

蝙蝠较长的寿命有助于维持病毒的存在。蝙蝠的寿命通常为 8~12 年，个别种类甚至达到 30~40 年，是同体型其他哺乳动物（鼠类）的 3~4 倍。长寿的蝙蝠可能会持续感染某些病毒，并将病毒传播给其他脊椎动物。

蝙蝠的集群行为增加了病毒在个体间传播的概率。大多数蝙蝠是群居动物。有些蝙蝠栖息时会紧紧依偎，如冬眠的白腹管鼻蝠喜欢以"抱团"的方式冬眠以减少热量和水分的散失。这种集群行为增加了蝙蝠之间的病毒传播。

蝙蝠的回声定位发声也可能导致病毒的近距离传播。蝙蝠发出的回声定位信号由喉产生，通过口或鼻发出。发声过程中，病毒可能通过口咽部液体、黏液或唾液中的液滴或小颗粒气溶胶，在近距离的个体间传播。研究人员从墨西哥游离尾蝠的黏液中分离出狂犬病毒，证实了狂犬病毒可以从回声定位蝙蝠的鼻孔中排出。蝙蝠独特的免疫系统让其成为众多病毒的天然宿主。蝙蝠拥有与人类和小鼠相似的免疫功能器官和细胞。然而，蝙蝠明显缺乏某些免疫元件的编码基因，这表明蝙蝠的免疫系统发生了永久性变化。一些蝙蝠具有特殊的抵御病毒的免疫系统，它们会对感染的病毒迅速产生反应，并使病毒脱离细胞。蝙蝠对病毒强大的免疫反应反过来会促使病毒更快地复制，并增强病毒的传染性。这种特性使得蝙蝠成为储存高传播性病毒的天然宿主。

第二部分

蝙蝠的价值

13. 蝙蝠具有哪些生态价值和经济价值?

多种多样的蝙蝠分布于多种多样的生态环境中，然而作为占据夜空生态位的神秘类群，蝙蝠不仅经常被误解，它们的生态价值更是常被人们忽视。全世界的蝙蝠几乎每晚都在辛苦劳作，捕食成千上万吨的昆虫，为植物授粉或传播种子。人类的很多食物都是依靠蝙蝠来授粉或控制害虫，甚至很多人认为，如果没有蝙蝠就没有巧克力和咖啡！蝙蝠在农林害虫控制、种子传播、植物授粉及森林演替等方面发挥着重要作用，是关键的生态系统护卫兵，也是高效的经济生产好帮手。

蝙蝠是农林害虫的克星

蝙蝠既能在草地、湖面和农业景观等开阔空间里捕食夜行性昆虫，也能在森林等复杂环境里灵活觅食（图2-1）。据估计，全球范围内每年植食性昆虫对农作物的破坏量达作物总产量的10%。长期以来，人们感恩于鸟类对害虫的捕食作用，涌现了大量的关于鸟类控制森林农业害虫的报道和研究，

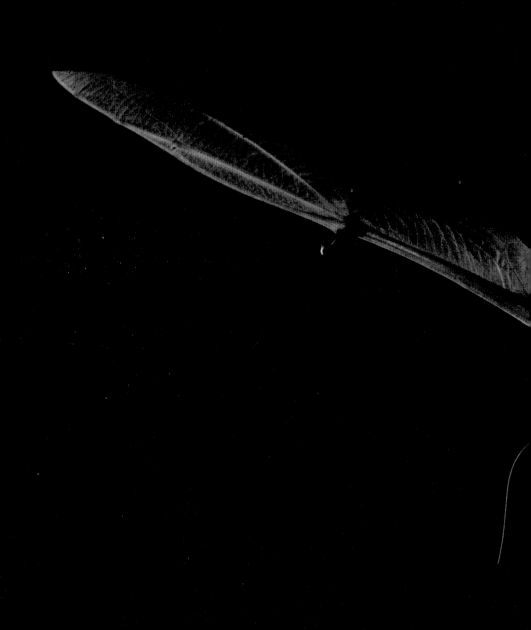

图 2-1　蝙蝠捕食昆虫（Merlin Tuttle 拍摄）

甚至很多研究将脊椎动物对昆虫的捕食控制全归功于鸟类，却忽略了其他脊椎动物尤其是蝙蝠对害虫控制的作用。实际上，约有 70% 的蝙蝠物种主要以昆虫为食！

食虫蝙蝠能以鳞翅目、半翅目、同翅目、鞘翅目、双翅目、膜翅目和直翅目等多种昆虫为食，其中包含多种极具破坏性的森林和农业害虫，如对玉米和棉花等作物危害较大的鳞翅目昆虫棉铃虫、对烟草危害较大的烟草夜蛾，以及对水稻危害较大的半翅目昆虫白背飞虱等。随着现代分子生物学技术的发展，如 DNA 条形码和环境 DNA 等多种技术的出现，人们对蝙蝠捕食害虫的生态服务有了全新的认识。通过环境 DNA 分析法对全欧洲范围内普通长翼蝠的食性进行研究，人们发现普通长翼蝠能捕食超过 200 种节肢动物，其中包括 44 种农业害虫，这些害虫可以危害欧洲大陆的许多作物，从稻田到葡萄，从玉米到橄榄林等。该研究也证实蝙蝠可根据当地农田中可利用的害虫资源调整食性，重塑其食性生态位。可见，捕捉应季害虫的蝙蝠为当地的农场提供着不容小觑的灭虫服务。

蝙蝠能消灭多少害虫？蝙蝠是捕虫小能手，每晚可以捕食大量昆虫。实验室人工驯养的蝙蝠每天捕食的昆虫重量约占该蝙蝠体重的 1/4，但在野外条件和哺乳期等高能耗时期，蝙蝠每天捕食的昆虫重量能达到该蝙蝠体重的70%，有时甚至能超过蝙蝠体重的 1 倍以上。北美地区一个由 150 只大棕蝠组成的群体每年大约吃掉 60 万只黄瓜甲虫、19.4 万只六月甲虫、15.8 万只叶蝉和 33.5 万只臭虫。在得克萨斯州中南部棉花生产地，每年蝙蝠通过捕食害虫而避免棉花受损以及避免使用杀虫剂的价值为 74 万美元，占棉花最终产量价值的 15%。在北美地区，蝙蝠每年通过减少作物损害和避免使用杀虫剂对农业的贡献约为 229 亿美元。在泰国，蝙蝠每年在稻田中通过捕食害虫可防止稻米损失近 2 900 吨，产生的经济价值超过 120 万美元，意味着泰国的蝙蝠每年能够为近 3 万人提供口粮。此外，蝙蝠在抑制玉米害虫的幼虫密度和危害的同时，也能够抑制玉米中与虫害相关的真菌生长和黄曲霉毒素等真菌毒素的产生。据保守估计，在全球范围内，仅在玉米种植中，食虫蝙蝠每年通过对害虫的抑制产生的价值超过 10 亿美元。

此外，蝙蝠也是移动的补虫器。食虫蝙蝠对农业系统带来的好处不仅仅局限于当地觅食区域，而是会绵延到数百千米以外的其他农业区域。如墨西哥游离尾蝠可以飞到距离地面 3 000 米的高空，每晚飞行距离超过 100 千米。而对于一些具有迁徙行为的农业害虫，蝙蝠也会积极地跟随并捕食它们。越来越多的美国农民通过放置蝙蝠箱等方式创建人工蝙蝠栖息地，吸引蝙蝠进入农作物种植区域。因此，对食虫蝙蝠的人工栖息地进行优化管理，可以促进蝙蝠成为综合防治害虫的关键角色。

食虫蝙蝠的捕虫作用可以帮助减少森林和农业生态系统中化学农药的使用，减缓害虫抗药性发生的速度。蝙蝠对农业害虫的控制能推迟农药的施用时间，降低农药使用量。不仅如此，蝙蝠捕食昆虫还能直接对人类的健康做出贡献。一些夜行性昆虫是病原体媒介，如疟疾病原体疟原虫媒介的按蚊，食虫蝙蝠捕食传播疾病的蚊虫，可能减少疾病暴发和病原体流行。一些吸血昆虫也会对家畜的健康产生严重的负面影响，导致家畜体重下降、牛奶产量和肉质降低等。蝙蝠捕食吸血昆虫在一定程度上可保护家畜，降低牧民损失以及人兽共患病的概率。

蝙蝠是理想的种子传播者

蝙蝠是自然界中的种子传播者，对植物繁殖有积极的影响。在亚洲和非洲热带地区，23% 植物依赖于狐蝠提供的种子传播服务，包括多种经济作物，如香蕉、芒果和番石榴。在某些岛屿上，因为演化的偶然性和人为导致的当地其他种子传播者的灭绝，狐蝠更是成为授粉或传播种子的唯一媒介，是当地维持植物生存能力的关键物种。在非洲，大约 34% 与经济相关的木材种子需要依靠狐蝠散播。即便在热带地区木材开发正在逐步减少的今天，蝙蝠也对天然林中木本树种的种群再生和生态系统的保护发挥着至关重要的作用。

蝙蝠怎么传播种子？在热带地区，许多植食性蝙蝠通常吞下整个果实，种子在蝙蝠消化道停留 20~30 分钟后，随粪便排出蝙蝠体外。一些植物的种子必须经过蝙蝠的消化道才能够萌发，且经蝙蝠消化道的种子往往萌发率更高。在热带地区，狐蝠由于体积大、流动性强而成为高效的种子传播者。许多狐蝠每晚从栖息地到觅食地的飞行距离超过 60 千米，蝙蝠搬运种子的能力使其他许多动物望尘莫及。远飞行距离可以确保种子落在距亲本较远的地方，扩展了植物的生存范围。有研究表明，与鸟类相比，蝙蝠传播的种子更为均

图 2-2　澳大利亚小红果蝠取食桉树花蜜（Merlin Tuttle 拍摄）

匀，且分布范围更大。这种差异与蝙蝠和鸟类特定的觅食行为有关：鸟类通常在树冠下的栖息位置停留时排便，而食果蝙蝠则更倾向于在飞行过程中排便。蝙蝠的粪便似雨点般落下，将种子沿飞行路径散布。

蝙蝠是植物授粉行家

植物花粉传播仅仅依靠蜜蜂、蝴蝶这些昆虫吗？答案是否定的。昼伏夜出的蝙蝠竟然也是植物授粉行家（图2-2）！蝠媒花的花朵通常较大，盛开在黄昏，且白色或淡黄色的花在月光下格外醒目，呈钟形或盘状，与蝙蝠的头部较匹配，花朵质地强韧，通常还能散发出特殊的气味以被蝙蝠识别。与其他蝙蝠不同，食蜜蝙蝠通常有着长而窄的嘴、精致的下颌、较少的牙列和长长的舌头。蝙蝠能为许多热带经济水果传粉，如大长舌果蝠是榴莲的主要传粉者，以每晚平均26次的频率访花。许多植物由蝙蝠授粉，例如木棉科、西番莲科、菊科和仙人掌科的植物。在中美地区，龙舌兰酒是非常受欢迎的酒品，约有60种龙舌兰植物不同程度地依赖小长鼻蝠和墨西哥长吻蝠的授粉服务。非洲地区代表性的植物——锦葵科的猴面包树，一年四季都能开花结果，解决了多数非洲人的温饱问题，被称为"非洲生命树"。它的花朵有多达2 000根雄蕊，几乎完全依赖蝙蝠授粉。没有蝙蝠，生命之树可能会灭绝，直接威胁到地球上最丰富的生态系统之一。此外，狐蝠和叶口蝠能够远距离携带大量的花粉，加之其较大的活动范围，故成为高效传粉者。

蝙蝠是有机肥料"生产商"

栖息在洞穴里的蝙蝠会产生大量的粪便，在许多国家如泰国、埃及、墨西哥、美国，这些粪便被广泛用作天然有机肥料。一些农民将庄稼种植在蝙蝠飞行的路线上，散落在田里的蝙蝠粪便有利于作物的生长。蝙蝠粪便也是许多温带洞穴生态系统的主要能源，影响洞栖生物的营养动力学和群落结构，支持着洞穴的生态系统。过度开发蝙蝠粪便或蝙蝠种群的减少可能会使洞穴生态系统瘫痪，进而导致洞穴中栖息的生物面临灭绝的风险。

14. 蝙蝠能够启发研制新型智能雷达系统？

    可能很多人都认为雷达是仿生蝙蝠的回声定位所发明，但是事实并非如此。雷达的发明可以追溯到 19 世纪末。1885—1889 年，德国科学家赫兹开展了无线电传播与接收的一系列实验，并证明无线电波能够从金属物体反射回来。之后，科学家持续开展无线电实验，尤其关注用于长距离信息传递。1922 年意大利科学家马可尼用无线电开发通信设备时提到可以在船只上安装无线电，以便于在浓雾等恶劣天气下探测其他船只或物体。同年，美国研究人员在波多马克河两岸进行无线电实验时，无意中发现穿行的船只会干扰无线电传播。他们建议海军使用无线电建立警报系统，检查夜间通行的船只。1934 年，美国海军首次建立了类似现代的雷达系统。1935 年，英国科学家沃森 - 瓦特证明无线电能够探测飞机，帮助英国军队构建了基于无线电的防空防御系统。同期，苏联、法国和德国也制造了类似的雷达系统。雷达在第二次世界大战中发展迅速，发挥了十分重要的作用。

    蝙蝠回声定位行为的发现可以追溯到 18 世纪末。1793 年，意大利科学家斯帕兰扎尼第一次发现被遮住眼的蝙蝠在黑暗条件下也能够飞行。1799 年，他与瑞士动物学家朱尼提出蝙蝠很少应用视力，它们的耳在躲避障碍物时至关重要。然而，当时人们认为蝙蝠是"哑巴"，这个结论并没有被主流科学界所接受与认可。1908 年，美国科学家哈恩开展了类似实验，发现耳被堵住的蝙蝠无法有效躲障碍物，猜测蝙蝠主要通过内耳的感觉器官感知障碍物。1938 年，美国科学家格里芬和皮尔斯利用超声波录制设备首次证明蝙蝠能够发射超声波。1940—1942 年，格里芬与高拉姆博什证明蝙蝠用嘴发射超声波，通过耳接收从障碍物反射的回声进行导航定位。1943 年，迪格拉夫得到相同结论。至此，蝙蝠的夜空导航捕食之谜才得以揭晓。1944 年，格里芬将蝙蝠应用超声波导航定位的行为称为"回声定位"。

    人类在真正认识蝙蝠的回声定位之前就已经发明了雷达，并将其广泛应用于军事领域。因此，雷达并不是根据蝙蝠的回声定位所发明。然而蝙蝠回声定位智能的认知能力、超强的抗干扰本领、快速而精准的适应性调控行为

图 2-3　蝙蝠具有超强的回声定位抗干扰能力，成千上万只个体同时飞行，每只个体
　　　　都能分辨自己的回声（Merlin Tuttle　拍摄）

等高超性能仍然值得开发应用（图 2-3）。蝙蝠感知环境的能力是当代雷达系统无可比拟的。蝙蝠能够通过声音特征识别出想要的目标如昆虫、花朵、果实，这种能力在雷达和声呐系统中非常需要。根据蝙蝠改变回声定位发声特征分离目标物体回声与背景噪声的原理，科学家已经研制出类似的雷达感受器，以避免电子机械对雷达系统的干扰。尽管当代雷达技术日益完善，已经在汽车安全、机器人、航空航天等领域得到广泛应用，但它们对所"看"物体的识别能力仍然很有限。未来，蝙蝠可能启发研制具有强认知力、强抗干扰的智能雷达系统。该系统将在军事、盲人感官设备、汽车安全和医疗等领域具有广阔的市场。

　　仿生学是目前发展最为迅速的科学领域之一。欧美发达国家的工程师比任何时候都更关注蝙蝠天然的"雷达"系统。美国军方每年都会资助蝙蝠相关的生物学基础研究。我国在这方面的研究比较欠缺，目前只有几个学术团队从事蝙蝠回声定位相关的基础研究。蝙蝠仿生开发利用需要基础研究（生物学、物理学、数学统计等）、应用研究（材料学、工程技术）和市场的一体化支撑，其中蝙蝠回声定位的生物学基础研究与材料研发尤为关键。

15. 蝙蝠是完美的智能飞行器?

蝙蝠之所以被描述成唯一真正会飞的哺乳动物，主要因为它们不仅会飞，而且它们的飞行还十分智能化。

飞行模式很灵活

夜幕降临时，蝙蝠开始了新一天的狩猎活动。留心观察便不难发现，蝙蝠在飞翔时忽高忽低，忽快忽慢，往来穿梭，却从来不会撞到障碍物。即使是一根很细的电线，它们也能灵巧地避开。无论是在开阔的沙漠，还是在茂密的森林，它们都能自如地完成各种上升、俯冲、转弯和滑行等飞行活动（图2-4）。如果你曾经看到过一只小蝙蝠在你家后院的树上灵巧地盘旋，在飞行中捕捉昆虫，你一定会惊叹于它改变方向、躲避障碍物和捕捉猎物

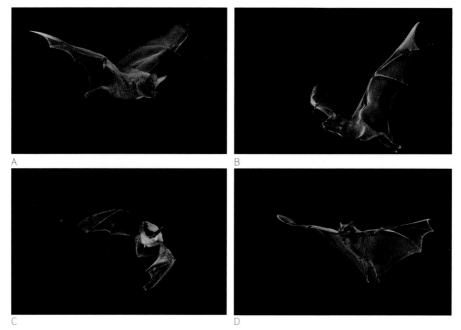

图 2-4 不同蝙蝠的飞行模式（Merlin Tuttle 拍摄）
A. 缨唇蝠；B. 小狭叶蝠；C. 西方伏翼；D. 大食果蝠

的非凡能力，这些飞行技巧是其他飞行动物无法比拟的。当飞机遭遇强气流时，训练有素的飞行员也需要依靠无线电信号、先进的计算和工具才能在强风时保持航向，减缓颠簸。然而，蝙蝠却能十分自然地做到这一点，因为它们的飞行有着令人难以置信的灵巧与机动性。即使身处强烈的阵风，它们也会游刃有余，不到一次的拍翼便能恢复稳定。更神奇的是，有的食蜜蝙蝠还能像蜂鸟一样在空中悬停取食。

飞行速度可控制

与鸟类相比，蝙蝠的飞行速度稍显逊色。飞行速度较快的蝙蝠往往具有较高的翼展比和翼载。一些欧洲物种的飞行速度为每小时 30~50 千米，在圈养条件下自由飞行的大多数北美物种的飞行速度为每小时 8~16 千米，其中大棕蝠的飞行速度最快，约为每小时 24 千米。毫无疑问，在野外的飞行速度明显超过实验室内驯养的，其中犬吻蝠科中的游离尾蝠飞行速度最快。不同物种飞行速度不同，但更神奇的是，同一物种可以自如地调控自身的飞行速度来完成不同的任务。例如，当蝙蝠离猎物越来越近时，它们的飞行速度越来越快。

飞行动能自供应

独特的飞行系统也给蝙蝠带来严峻的挑战——巨大的能量消耗。蝙蝠飞行时所消耗的能量是相似体型大小陆生哺乳动物运动时的3~5倍。因此，飞行除了需要骨骼等形态变化外，还需要高效的能量供应系统，以满足蝙蝠飞行时高能量的消耗。飞机在高空中飞行需要依靠强大的发动机来提供动力。那么，为蝙蝠飞行提供动力的"发动机"在哪里呢？线粒体是细胞中能量制造的工厂，通过氧化代谢提供生物体各种生命活动约95%的能量，是动物各种运动所需能量来源的"发动机"。蝙蝠飞行能力的起源与线粒体产能系统的进化密切相关，以适应飞行起源过程中对能量需求的急剧增加。

克服重力很轻松

体重问题是飞行中不得不面临的重大挑战。飞行中的动物需要支撑体重以保持在高处并用推力来抵抗阻力。蝙蝠在漫长的进化过程中形成了"绝妙对策"，它们能够通过翼产生升力来支撑体重，并通过翼向前拍动产生推力。升力和推力主要由翼在下拍过程产生，升力的大小与翼面积、迎角（气流与翅膀的夹角）、翼的外倾角（曲率）、翼在空中移动速度成正比。如上所述，蝙蝠能够通过调整翼的形状和运动来控制这些因素，从而在不同的生境及状况下，采取不同的飞行策略。例如，蝙蝠要保持匀速飞行，就需要产生与重力相等的恒定升力，而阻力与推力相等；蝙蝠遭遇天敌或进行捕食，需要在满足升力平衡体重的前提下，产生较大的推力，从而获得较大的加速度；蝙蝠进食完毕、怀孕或者携带幼蝠飞行时，体重增加，就需要产生更大的升力。

蝙蝠智能飞行的奥秘

蝙蝠的身体构造与其他飞行动物完全不同，从而使得它们能够驾驭空气，成为无与伦比的飞行大师。从形态结构来看，蝙蝠机体有哪些独到之处呢？

①鸟类和昆虫的翅膀表面分别由没有活性的羽毛角蛋白和几丁质表皮构成，这种构造限制了它们主动控制翅膀表面形状的能力。蝙蝠的翼表面由具有活性的皮肤构成，充满着感受器和弹性纤维，由细长的手臂和手指拉伸而成。

与其他类似大小的哺乳动物相比，蝙蝠翼膜皮肤的厚度是它们的 1/10~2/5，大大减轻了翼的重量。蝙蝠翼膜上的皮肤附着一系列肌肉，每拍翼一次，这些肌肉都会收缩与放松一次，致使翼膜皮肤的刚性有所变化，从而改变翼的空气动力学特性，与鸟类的操作方式完全不同。

②蝙蝠与鸟类的翅膀有着根本不同。鸟的翅膀是一种刚性翼，而蝙蝠的翅膀是由一整个手臂所构成。大拇指演化成为爪子，细细的手指得到了延长，使得蝙蝠的翼能够拥有更大的弯曲率。在飞行时，灵活的指头将指尖的翼膜展开，以控制方向和高度。用手指拉伸翼可赋予蝙蝠很高的形变能力，自如地改变翼的大小和形状。手指可以不同程度地伸展和弯曲，通过拉伸翼或控制翼的外倾角来改变翼面积，从而控制翼的升力系数。因此，蝙蝠可以快速地改变翅膀的形状，获得无可比拟的精确度与机动性，即使在翅展一半时，也能做出 180°的转弯。例如，慢速灵活的飞行需要较高的外倾角、较大的翼面积和较大的升力，蝙蝠可通过调整各个手指的弯曲程度来精准地实现。

蝙蝠的翼膜看似十分光滑，实际上覆盖着成千上万的微小茸毛。它们几乎是肉眼观察不到的，长度可以短到 0.1 毫米，约是人类头发厚度的 1/12。出乎意料的是，这些茸毛并不能为蝙蝠保温。茸毛的基部是精密的传感细胞，使得蝙蝠在飞行时可以获得实时而精密的气流图。翅膀表面茸毛的位置监测着气流的精确方向，并能感知风速和风向，并将相关信号传导到神经系统。这样蝙蝠能够计算出何时加速、何时减速，并侦测到干扰和潜在的威胁。去除翼膜上的茸毛会提高蝙蝠的飞行速度，却降低了蝙蝠执行转弯动作的能力。由此可见，这些茸毛参与了飞行过程，并使蝙蝠在遭遇强风时自如地控制飞行方向。

除翼之外，许多蝙蝠种类都有尾膜。如果说肌肉是蝙蝠飞行的动力来源，尾膜则是飞行的舵。蝙蝠的尾膜在飞行时能起到平衡身体、调整速度、改变方向和控制升降的作用。不同蝙蝠物种尾膜的大小和形状有所不同，这与它们的飞行速度、捕食方式和机动性密不可分。蝙蝠的尾膜和翼膜都与腿相连，将尾巴和翅膀链接在一起。腿的偏转增加了机翼的弯曲度，也会使尾巴偏转。

蝙蝠飞行能够指导智能飞行器的设计

蝙蝠具有如此精妙的身体结构和机能，能够在纷繁复杂的环境中自如飞行，不仅不需要提前规划路线，而且不需要任何外在的提示。如果这种技能能够应用于无人机等飞行设备，发展新型智能飞行器，使其不依赖于地面航空调度系统即能安全飞行，那么实现完全自动的"智能飞行"和"安全飞行"便不再是天方夜谭。因此，了解蝙蝠的飞行机制，不仅是一项基础研究，而且能为发展新型智能飞行器提供仿生学依据。

16. 蝙蝠大脑中蕴含空间导航的密码？

作为唯一真正拥有飞行能力的哺乳动物，蝙蝠是活动范围最广的哺乳动物类群之一。约90%的蝙蝠通过声音进行空间定位和导航，它们昼伏夜出，能够在空间结构错综复杂的山洞等黑暗环境中长期生活。部分生活在温带地区的蝙蝠，为了避开冬季的严寒，每年迁徙至数千千米外的热带或亚热带区域过冬。那么，蝙蝠如何实现在错综复杂的黑暗山洞中导航？蝙蝠如何找到几十千米外的捕食场所？蝙蝠又是如何实现数千千米的长途往返？为解答这些问题，需要了解蝙蝠回声定位高清成像机制与大尺度空间导航机制。

回声定位高清成像

回声定位，类似人类的眼睛，是1 200余种回声定位蝙蝠生存的基本技能，能够帮助蝙蝠实现几米到几十米范围近距离的空间定位。无论是追逐不断移动的昆虫，还是辨别静止的树枝，均需要精准测量目标的三维空间位置。这一切都是在无光的环境中进行，而这样的黑暗环境则是绝大多数高清成像设备的噩梦。如图2-5所示，蝙蝠不仅能够通过声音测量目标的水平位置和垂直高度（即二维定位），还能测量目标的远近，实现三维定位。蝙

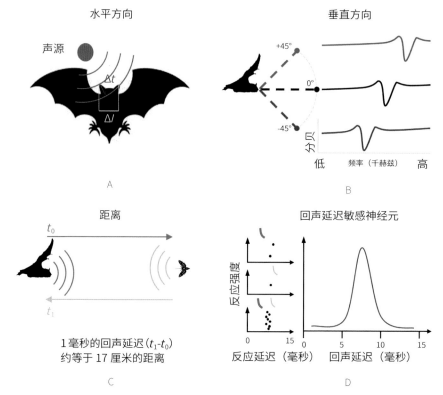

水平方向   垂直方向

声源

Δt

ΔI

A

+45°

0°

−45°

分贝

低   频率（千赫兹）   高

B

距离   回声延迟敏感神经元

t_0

t_1

1毫秒的回声延迟（t_1-t_0）
约等于 17 厘米的距离

C

反应强度

0   15   0   5   10   15

反应延迟（毫秒）   回声延迟（毫秒）

D

图 2–5   回声定位蝙蝠近距离三维空间导航的机制示意图
       图为回声定位蝙蝠确定水平方位（A）、垂直方位（B）、目标距离（C）及回声定位测距（D）
       的主要神经生物学机制。Δt 代表声源到达双耳的时间差；ΔI 代表声音到达双耳的声压
       强差；t_0 代表蝙蝠发出回声定位的时间；t_1 代表蝙蝠接收到回声的时间

蝠的二维声定位精度为 2°~3°，与人类相似。蝙蝠特有的距离测量精度为
1~4 厘米，甚至可以达到 1 微米。那么，蝙蝠是如何实现如此高精度的三
维空间定位的呢？

    蝙蝠主要通过声音到达双耳的时间差（图 2–5A 中的 Δt）确定声音的水
平位置。如果声音来自蝙蝠的正前方，那么声音将同时到达蝙蝠的双耳，即
声音到达双耳的时间差为零；如果声音来自蝙蝠的左侧，那么声音将先到达
蝙蝠的左耳，后到达蝙蝠的右耳。除了双耳时间差以外，声音到达双耳的声
压强差（图 2–5A 中的 ΔI）是蝙蝠判断声音水平位置的另一参数。声压强差
的产生来源于动物头部对声音在传递过程中的阻挡，这种阻挡导致被阻挡一
侧的声音强度弱于不被阻挡的一侧。双耳时差的最大值取决于蝙蝠双耳的间距，
绝大多数蝙蝠的双耳间距仅为人类的 1/20~1/15，理论上蝙蝠所处理的双耳时

差明显小于人类。然而，事实上蝙蝠在水平方位上却展示出和人类相似的辨别能力。基于其他哺乳动物的研究，位于脑干的内侧上橄榄核（MSO）和外侧上橄榄核（LSO）是处理双耳时差和声压强差的主要听觉脑区。但这两个脑区在蝙蝠中的研究非常有限，并且蝙蝠表现出不同的电生理学特性。

　　与水平方位不同，蝙蝠通过声音的频率信息确定声源的垂直位置，而且仅需单耳的参与。随着声源在垂直方位上高度的变化，蝙蝠耳朵所接收到声音的频率信息也发生有规律的变化（图 2–5B），这种变化主要是由于外耳耳郭的存在。与其他哺乳动物相比，蝙蝠的耳郭往往异常大。假如人为改变蝙蝠外耳耳郭的形态，蝙蝠在垂直方位的声音辨别能力将严重恶化。此外，声音的频率范围（即频带宽）越大，哺乳动物对声音垂直方位的分辨能力也越强。与人类不同，回声定位蝙蝠所接收的回声来源于自己的叫声，所以蝙蝠可以通过动态调节其发声来提高垂直方位上的辨别能力。大量的研究表明，回声定位蝙蝠在追踪猎物的时候显著增大叫声的频带宽，从而提高对猎物的空间定位能力。目前认为，参与辨别声源垂直高度的听觉脑区始于耳蜗背侧核。

　　如果说绝大多数蝙蝠具有出色的二维空间定位能力，那么回声定位蝙蝠特有的测距能力更是让人匪夷所思。布朗大学的 James Simmons 教授是回声定位蝙蝠测距研究的先驱，也是最早使用心理物理学手段研究蝙蝠认知能力的科学家之一。他通过一系列的试验，发现蝙蝠能辨别 1 厘米左右的距离差，这一发现后来也被更多的科学家证实。换句话说，如果在蝙蝠的前方放置两个一模一样的物体（比如小型积木），只要这两个积木离蝙蝠的相对位置大于 1厘米，蝙蝠便可以区分它们的远近。此外，James Simmons 还发现蝙蝠通过测量回声定位声波发声和回声的时间差（也称为回声延迟）来测量物体的远近（图 2–5C）。蝙蝠的回声延迟分辨能力高达 60 微秒。在某些特定的试验条件下，蝙蝠的时间差辨别能力甚至高达 10 纳秒（1 纳秒等于 10^{-9} 秒）。

　　目前，回声延迟敏感神经元是解释蝙蝠回声定位测距能力的主要假说。回声延迟敏感神经元最早于 1978 年被 Albert Feng 等在大棕蝠的听觉皮质和中脑听觉区域所发现。次年，Nobuo Suga 等在帕氏髯蝠的听觉皮质中发现了回声延迟敏感神经元。如图 2–5D 所示，该回声延迟敏感神经元对 7 毫秒的回声延迟（意味着目标距离蝙蝠约 1.2 米）的反应最强。无论是随着回声延迟的增加还是减少，该神经元的反应强度都会逐渐变弱。此外，该神经元无论是对叫声还是回声的单个声音刺激的反应都非常弱。回声延迟神经元广泛分布在蝙蝠听觉通路的多个脑区。回声延迟敏感神经元假说作为解释蝙蝠回声定位测距的神经机制的不足之处在于单个神经元对回声延迟的辨别能力比蝙蝠在行为学试验中展示的时差辨别能力至少差百倍。最近的一项研究首次在大棕蝠的下丘中发现了时间精度辨别能力高达 20 微秒的胞外膜电位信号（EFP）。EFP 信号的时间精度受回声定位声波结构的影响，声波的频带宽越大，持续时间越短，信号的时间测量精度越高。因此，高时间精度的 EFP 信号发生在蝙蝠追踪和靠近猎物的捕食阶段，与行为学的需求吻合。

蝙蝠的大尺度空间导航与机制

虽然回声定位能够帮助蝙蝠精准地定位周围环境，但是回声定位的有效范围通常只有几米，最远也不过 60 米。然而，许多蝙蝠需要日常飞行数十千米外出就餐，也有不少温带地区的蝙蝠每年都会前往热带地区度假。那么，科学家是如何证实蝙蝠具有大尺度空间导航能力的呢？

早在 1883 年，英国博物学家 G. Gyles 将 3 只普通伏翼（小型食虫蝙蝠的一种）从它们生活的小岛转到了大陆上，然后将其逐一放飞。这些蝙蝠在空中盘旋一两圈后都径直飞向家的方向。该观察为蝙蝠拥有导航回家的能力提供了首份证据。多年来，科学家主要利用环志（一种戴在蝙蝠或鸟类等动物身上、用于区分不同个体的轻便标记环）来研究蝙蝠空间导航。在 1932—1951 年的美国和加拿大区域，至少有 67 279 只蝙蝠先后被环志。通过此方法，科学家发现某些蝙蝠至少能从 800 千米以外的地点导航回家。同时，某些蝙蝠还具有迁徙能力，距离长达 1 900 余千米。近年来，科学家通过卫星追踪技术，发现某些蝙蝠的迁徙距离超过 2 500 千米。那么，蝙蝠是通过什么机制实现大尺度空间导航呢？

"地图罗盘"（map and compass）假说是解释蝙蝠大尺度空间导航能力的主要理论。地图罗盘假说最初源于对鸟类空间导航能力的研究，并随后被引入包括蝙蝠在内的其他动物类群。地图罗盘假说将空间导航任务分为两个环节：动物首先根据地图确定自身的位置，然后根据罗盘前往目的地。2006 年，Richard Holland 等对大棕蝠的研究首次证实蝙蝠利用地球的磁场作为罗盘进行定位。他们利用无线电技术标记了多只蝙蝠个体，并于日落前45分钟到日落后45分钟这段时间将两组蝙蝠分别置于地球磁场正向旋转90°和负向旋转90°的特殊装置中。将蝙蝠在20千米以外的区域释放后，借助小型直升机和无线电探测仪追踪蝙蝠飞行的方向，他们发现不同试验组蝙蝠的飞行方向正好相反，并与空白对照组差90°（图2-6A）。Holland等的后续研究进一步发现，日落和日出过程中的极光是蝙蝠校对地球磁场的参考信息。继地图罗盘假说后，认知地图（cognitive map）假说也得到试验数据的支持。认知地图假说认为动物的大脑中拥有呈现外界环境空间信息的认知地图，从而帮助动物实现不依赖外界参照物的空间导航。借助微型GPS追踪器，以色列著名蝙蝠研究者Nachum Ulanovsky课题组对埃及果蝠的研究为认知地图假说提供了试验支持。他们发现，被转移到100千米以外的埃及果蝠依然可以顺利导航回家。当然，无论是地图罗盘假说还是认知地图假说，一个仍未回答的关键问题是动物如何确定自己的位置？

目前的研究认为，动物确定自身位置主要依赖大脑的"空间导航区"，包括海马和内嗅皮层两个区域。哺乳动物海马区存在一种对动物自身位置敏

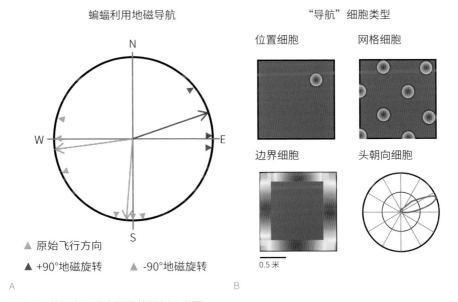

图2-6 蝙蝠大尺度空间导航机制示意图
  A. 蝙蝠利用地磁定位；B. 蝙蝠空间导航区的主要神经细胞类型及其电生理学特性
  颜色的不同表示神经元反应的强弱（红色代表最强，蓝色代表最弱）

感的神经元细胞，称为位置细胞。位置细胞首先在大鼠海马区被发现。科学家于 2005 年在大鼠的内嗅皮质发现了能够构建出坐标系的网格细胞。位置细胞和网格细胞为理解空间导航的神经生物学机制提供了重要的理论基础，O'Keefe 和 Moser 夫妇 3 位科学家也凭此荣获了 2014 年的生理学或医学诺贝尔奖。但是，大鼠主要在二维空间中活动，而人类的许多活动却是在三维空间中完成。为了揭示三维空间的导航机制，Nachum Ulanovsky 等于 2000 年率先以回声定位蝙蝠为对象开启了哺乳动物三维空间导航脑机制的探索。他们发现并刻画了蝙蝠"空间导航区"的位置细胞、网格细胞、边界细胞、头朝向细胞等的生物学特性（图 2-6B）。虽然同种细胞在大鼠和蝙蝠的相应脑区都存在，但是它们的许多生物学特性却不尽相同。因此，多种模式生物相结合的研究是科学研究的重要理念。

　　虽然对蝙蝠空间导航的行为学研究已过百年，但对其大尺度导航机制的研究则主要集中在近 15 年。目前试验开展的场所均是在空间大小非常受限的室内，这与蝙蝠数十千米的日通勤距离及数千千米的迁徙距离相差甚远。那么，小尺度下获取的动物空间导航脑机制能否用于解释蝙蝠在大尺度下的行为呢？幸运的是，Nachum Ulanovsky 等蝙蝠研究者已经开始着手回答这些重要的问题。让我们共同期待在不远的未来科学家们能够给出答案。

17. 蝙蝠也有方言和语法？是否有助于揭示人类语言的演化？

　　中国语言博大精深、丰富多彩，具有风格迥异的各地方言。但是，无论哪种方言，每一个完整的句子都是有固定结构的，需要按照一定的顺序排列组合不同的字和词。不管在哪里，"你吃饭了吗？"都不会被说成"你饭吃了吗？"这个字、词排列组合的顺序，称之为语法。除了中国语言，世界各地还有着不计其数的不同种语言，其中大部分也都具有自己特殊的语法规则。人类使用这种组合语法的好处是可以用有限的词汇交流无限的思想。因此，能够使用具有语法规则的语言被认为是人区别于动物的独特之处。

但是，到目前为止，人类语言是如何起源以及演化到今天如此复杂的形式，仍然是一个未解之谜。科学家已经证明，比较研究法是揭示人类语言演化过程的一个可行的选择。所谓比较研究法，就是通过比较和人类亲缘关系较近的动物物种的行为和认知来为了解人类行为的演化历史提供参考。

提到能够跟人类相比较的动物，大家首先想到的可能是灵长类动物，比如黑猩猩、猿类和猴子等。灵长类动物的确是科学家用来与人类行为进行对比研究的首选，但是人类的这个"近亲"在"语言天赋"上却差强人意。回想一下在动物园见过的猴子或者猩猩，它们大部分只能发出"呜呜""吱吱"等简单叫声，这种叫声不但比人类语言的复杂程度低太多，甚至比很多其他非哺乳动物都低。叫声相对简单也是整个哺乳动物群体普遍存在的不足。事实上，若论叫声复杂程度，鸟类堪称大师。很多鸟类为了找到心仪的对象，开展一段以传宗接代为任务的"恋爱"，都会使出浑身解数，"唱"出婉转动听、复杂多样的"歌曲"，因此，鸟类一直是学者们用来与人类语言比较研究的主要物种。可惜的是，鸟类毕竟不是哺乳动物，它们的大脑神经结构、行为演化的进程和历史都与人类的相差甚远。

那究竟有没有适合与人类进行比较研究，能帮助我们揭示人类语言演化之谜的哺乳动物呢？本书主人公——蝙蝠又要闪亮登场了。从前面的内容可以知道，蝙蝠是个"话痨"，在其生活的各个环节都会发声。它们除了发出回声定位声波用于定位导航，还会发出交流声波和其他个体"互动"和"交谈"，而且这些交流声波类型复杂多样。近期的科学研究则进一步发现，蝙蝠的交流声波并不是随意发出的，这些叫声中的一个个声音元素（称之为音节，类似于人类语言的字和词）也会遵循一定的排列和组合方式，并随着不同的发声行为而变化，类似于人类语言的语法。例如，纳氏伏翼的"广告叫声"，在不同个体中是由不同的音节按照不同的排列方式组成的，具有一定的句法结构。生活在北美洲的另一种蝙蝠——墨西哥游离尾蝠，经常数百万只生活在一起，但是到了交配季节，雄性个体就会离开群体、自立门户。它们找到合适的地点建立"婚房"领地，吸引雌蝙蝠的加入，同时积极地防御入侵的其他雄性。防御过程中，"婚房"主人会发出"领地叫声"，这种叫声的类型非常多样，但是都遵循一个基础组成方式，即由4种基础音节组成3种类型的短语[类似于鸟类的"啾啾"（chirps）、"唧唧"（trills）和"嗡嗡"（buzzes）声]，而短语的数量和顺序在不同的情形下根据一定的句法规则进行动态变化。而最近笔者在对我国广泛分布的马铁菊头蝠的研究中发现，它们在与其他个体"打架"时发出的"战斗叫声"和生命安全受到威胁时发出的"呼救叫声"，在音节类型和句子结构上都是不同的（图2-7）。这与人类在不同的处境中会使用不同的语句来表达是非常相似的。

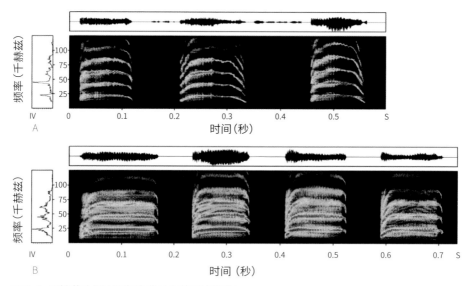

图2-7 马铁菊头蝠不同行为背景下的叫声结构
　　A.战斗叫声；B.呼救叫声

　　更神奇的是，蝙蝠中也存在"方言"现象，而且有些蝙蝠"宝宝"还能学习邻居家的"方言"。例如，生活在吉林、北京、陕西、甘肃等9个不同地区的马铁菊头蝠群体，发声的时间长度、音调的高低等方面都有所不同，这种现象和人类方言的"口音"差别非常相似。不仅如此，不同地区的马铁菊头蝠还倾向于选择不同类型的音节。埃及果蝠则被证明在幼年有学习"方言"的能力。这种果蝠的"宝宝"虽然和有"伦敦口音"的妈妈生活在一起，但是如果经常听到很多邻居的"苏格兰口音"，那么它们的发声则更趋向于"苏格兰口音"。这种发声学习能力在动物中是罕见的，但是它十分类似于人类在获得语言时必须向其他人学习发声的能力。

除此之外，一组叫做 *FOXP2* 的基因被证明与人类语言的发展密切相关，而学者们在蝙蝠中也发现了多样性很高的 *FOXP2* 基因变体。关于蝙蝠发声的神经生理学研究还发现，蝙蝠的大脑中进化出了一套特殊的支持喉部发声的神经适应系统，能够支持它们发出复杂多变的声音，而且蝙蝠的前脑可能有一个专门的神经回路，用于处理复杂的声音信号，使它们能根据活动背景快速改变发声的结构。

正是因为蝙蝠有这么多与人类语言相似的特征，所以在众多的动物物种之中，蝙蝠正逐渐成为研究发声控制和学习的模式物种之一，也成为破解人类语言脑机制的希望。相信在对蝙蝠的发声模式，以及蝙蝠大脑如何控制相应的发声有了充分了解之后，人类语言起源的谜团也会随之破解。

18. 为什么蝙蝠这个"病毒库"不发病？

蝙蝠体内携带着许多致命病毒，例如狂犬病病毒、SARS 样冠状病毒等。这些病毒可能会导致人类和其他哺乳动物感染疾病，甚至死亡。令人费解的是，与其他哺乳动物不同，蝙蝠为什么携带如此多的病毒却不会表现出明显的临床症状呢？下面就来说说蝙蝠"病毒库"不发病的秘密。

一提到病毒或疾病，都会谈到一个词"免疫力"，免疫力低的人更容易受到疾病侵袭。为了不被病毒"袭击"，首先想到的就是提升自身免疫力，也就是维持自身免疫系统的稳定和正常运转。天然免疫是生物抵御病原体侵入的第一道防线，是对抗感染和维持体内环境平衡的一系列重要反应。蝙蝠不发病的重要原因是它们具有高度平衡且独特的免疫系统。

蝙蝠可能具有高效的 DNA 损伤修复能力。剧烈的体力活动和高代谢率会导致活性分子（主要是自由基）的积累，造成 DNA 的损伤，导致机体某些生理功能的丧失甚至是死亡。然而，蝙蝠选择了飞行就意味着选择了高的身体代谢率，以及高度的氧化应激反应。蝙蝠为了飞行，将其代谢率提升为与其体型相似的啮齿类动物奔跑时的 2 倍，同时大大提升了 DNA 修复能力。有研究发现，蝙蝠的基因组中很多相关 DNA 损伤修复的基因在演化过程中发生了正选择，说明蝙蝠 DNA 修复基因在朝着有利于蝙蝠生存繁衍的方向进化。研究人员还发现在蝙蝠体内的一个编码转运体的基因（*ABCB1*）会在蝙蝠体内呈现高表达模式，显著抑制蝙蝠细胞的 DNA 损伤，减少了细胞发生癌变的可能。

对干扰素的研究也揭示蝙蝠具有独特的免疫系统。干扰素是细胞必要的免疫元件，在免疫反应中起到非常重要的作用。干扰素并不直接杀伤或抑制病毒，而主要是通过细胞受体作用使细胞产生抗病毒蛋白，从而抑制病毒的复制，同时还可增强自然杀伤细胞、巨噬细胞和 T 淋巴细胞的活力，从而起到免疫调节作用，增强抗病毒能力。蝙蝠在抵抗病毒的过程中，其免疫系统相比其他哺乳动物更活跃，会很快产生 I 型干扰素（IFN-α），这说明蝙蝠体内的细胞在"时刻准备着"，始终处于警惕状态，当病毒进入体内，直接对病毒进行攻击，有效地抑制病毒的复制，降低病毒浓度，避免细胞损伤。蝙蝠产生的干扰素还具有长效的免疫能力，可以长期保护细胞免受感染。但当病毒传播到缺乏快速抵御能力的哺乳动物（比如人类）体内时，病毒可能会造成致命的伤害，但不会导致蝙蝠自身感染。科学家还发现，蝙蝠体内的干扰素基因刺激蛋白（STING）的关键位点发生了突变，干扰素基因刺激蛋白——干扰素的抗病毒免疫通道受到抑制，使蝙蝠刚好能够抵御疾病，却不引起强烈的免疫反应。蝙蝠为了与其携带的病原体达成平衡，在演化过程中获得了抑制某些通道的能力。抗病毒免疫通道被削弱却未失去功能，表明蝙蝠可以对防御病毒的水平进行微调，有效却不过分地对病毒产生免疫反应。

对炎症反应的研究也表明蝙蝠具有独特的免疫系统。为了验证蝙蝠不发炎和不发热的现象，科学家给一种獒蝠注射了一种脂多糖（LPS），这种脂多糖本身无害，是由脂类和糖组成的化合物，如果注射到其他哺乳动物中会引起发热现象，因为许多病原体的外膜上都有这种脂多糖。当把这种脂多糖注入蝙蝠体内后，蝙蝠血液中的白细胞数量并没有增加，而蝙蝠的体重在 24

小时内大大减轻，说明蝙蝠动用了大量的能量进行免疫防御。

研究人员还发现蝙蝠的基因组中丢失了 *PYHIN* 基因家族。这个基因家族在转导固有免疫信号时扮演着重要角色，家族中的一些成员已被证实能够作为 DNA 传感器识别外源 DNA 分子，进而启动机体自我保护的机制。通常而言，哺乳动物会保留这个基因家族至少一个基因成员。但蝙蝠的基因组中却丢失了整个基因家族，相关基因的丢失可能限制了蝙蝠对病原体入侵后过度的炎症激活，说明蝙蝠不同的免疫系统演化模式，在一定程度上反映了蝙蝠与病原体共存的可能原因。

蝙蝠独特的免疫系统可能还与其出色的体温调节能力相关。蝙蝠白天体温较低，在冬眠的时候，体温甚至与环境温度相差无几，可低至几摄氏度；但在夜晚飞行过程中肌肉激烈运动，体温能上升至 40℃ 以上。对于人类而言，正常体温维持在 36~37℃，如果病原体入侵，免疫系统为了应激抵御会发生炎症反应以帮助对抗感染，这时典型的症状是发热。如果人发热到 40℃ 以上，会极其不舒服甚至会陷入昏迷。但对蝙蝠而言，该温度却是其飞行时的正常体温。这种高温可能会帮助蝙蝠有效抑制体内病原体的增殖。为了验证蝙蝠高体温抑制病毒增殖的假说，科学家利用 6 种不同蝙蝠的细胞株培养丝状病毒（包括马尔堡病毒、埃博拉病毒等），研究发现 41℃ 时病毒仍能有效复制，说明这些蝙蝠飞行时的高体温并不影响病毒的复制。但在蝙蝠体内，不同种类蝙蝠应对不同种类的病毒是否如此，尚待进一步的科学研究。

除此之外，科学家还在一些蝙蝠的血液中检测到病毒抗体，这些抗体可以帮助蝙蝠抵御疾病。例如，虽未在蝙蝠身上检测到埃博拉病毒，但在果蝠的血液中发现了埃博拉病毒抗体，说明蝙蝠可能接触过埃博拉病毒，但成功清除了病毒。

蝙蝠作为一个数量众多、分布广泛的哺乳动物类群，拥有着如此强大而特殊的免疫系统，它们通过活跃的天然免疫来抑制炎症反应，达到了与病毒共存的平衡状态，然而对其特殊免疫系统的科学研究仍然十分有限。未来，深入开展并揭示蝙蝠免疫机制显得尤为重要，因为这可能帮助人类更好地理解疾病的发生与控制，从中学习如何对抗病毒，开启疾病治疗新方式。

19. 为什么蝙蝠很少患癌？

在人人"谈癌色变"的今天，有几种动物却极少受到癌症的困扰，它们被视作"抗癌明星物种"，蝙蝠就是其中之一。虽然蝙蝠是哺乳动物的第二大类群，其数量占据哺乳动物的20%，但令人惊讶的是迄今为止科学家们仅在蝙蝠身上发现了屈指可数的几种肿瘤，包括平滑肌肉瘤和肺肉瘤。一个大型的国际联合研究项目对亚洲、非洲和澳大利亚的蝙蝠进行了长期、大量、广泛的病理学研究，最终竟没有发现一只患癌的蝙蝠个体，由此足见蝙蝠患癌概率有多低。蝙蝠为何很少患癌，它的体内藏着什么"秘密武器"，能够抵抗癌症呢？

"秘密武器"之一——微小核糖核酸（miRNA）。miRNA是一类由内源基因编码的长度约为22个核苷酸的非编码单链RNA分子，参与转录后基因表达调控。每个miRNA可以有多个靶基因，而几个miRNA也可以调节同一个基因。这种复杂的调节网络既可以通过一个miRNA来调控多个基因的表达，也可以通过几个miRNA的组合精细调控某个基因的表达。据推测，miRNA调节着人类约1/3的基因。科学家发现几个和肿瘤抑制相关的miRNA，包括miR-101-3p、miR-16-5p、miR-143-3p，在大鼠耳蝠体内表达量比在人类体内更高。另一个与肿瘤发生相关的miRNA——miR-221-5p却在大鼠耳蝠体内表达量更低，此miRNA可能会促进人类乳腺癌和胰腺癌的发生。蝙蝠体内的miRNA调控可能更倾向于增强肿瘤抑制过程，抑制肿瘤发生过程。

"秘密武器"之二——生长激素受体（GHR）和类胰岛素生长因子1受体（ICF1R）。生长激素是一种由脑垂体分泌的蛋白质，对机体的生长发育起着关键作用。生长激素受体是生长激素发挥作用的生理基础。生长激素必须与靶细胞表面的生长激素受体结合，才能激活细胞内的一系列信号转导过程，从而发挥其作用。一旦生长激素受体出现问题，势必会影响生长激素信号的转导过程，影响机体发育，人类侏儒症就是一个例子。科学家们发现生长激素受体的变异和生长激素信号的衰弱可能增强了人类和小鼠对于癌症的抵抗性。这和蝙蝠有什么关系呢？在鼠耳蝠属和棕蝠属蝙蝠体内的生长激素受体基因发生了多处改变，这些改变会导致蛋白质构象发生改变，影响生长激素和受体结合后的信号转导过程。鉴于之前在人类和小鼠中的发现，蝙蝠的生长激素受体变异也可能增强其对癌症的抵抗性。

"秘密武器"之三——ATP 结合盒转运蛋白（ABCB1）。ABCB1 是一种能量（ATP）依赖性膜蛋白，可以发挥外排泵作用，将细胞内外源性的化合物包括药物逆浓度梯度转运至胞外，在正常人体多个部位均有表达。来自杜克-新加坡国立大学医学院的研究人员发现，ABCB1 蛋白在蝙蝠不同类型细胞中的表达量比在人体中更高。由于存在大量的 ABCB1 蛋白，同样接触有毒药物时，蝙蝠细胞产生的 DNA 损伤明显少于人类细胞。高表达的 ABCB1 蛋白降低了毒性物质在蝙蝠细胞内的积累，保护蝙蝠细胞免受 DNA 损伤，这可能是导致它们的癌症发病率较低的又一法宝。

目前，对蝙蝠抗癌机制的研究尚比较缺乏。事实上，蝙蝠种类丰富，可能具有多种天然的癌症抗性机制，这些机制在经历了上千万年的演化后被自然选择保留下来。研究这些天然的抗癌机制具有很好的前景，有助于提高抗癌机制的认知，并可能帮助人类预防和治疗癌症。

20. 蝙蝠竟然隐藏着长寿秘诀？

长寿一直以来都是人类梦寐以求的美好愿望。古往今来，无论是平民百姓还是皇权贵族都从未放弃过对长寿的追求和探索，从长命百岁到长生不老，从人参果到唐僧肉，数不清的神话传说与故事强烈表达着人们对长寿的渴望。在科技医疗高度发展的现代社会，健康长寿仍是公众关注度最高的话题之一，时常成为科幻电影的主题，当然也是科学研究领域的热点。

究竟是什么因素决定了动物寿命呢？科学研究表明，动物寿命往往与其体型大小密切相关，大型动物的寿命通常比小型动物的寿命长。例如，体型较大的非洲象的寿命可长达 60~70 年，而同为哺乳动物但体型较小的鼩鼱寿命却仅有 1~1.5 年。然而，动物界中总是不乏例外的存在，相对于身体大小来说，人类的寿命相对较长，通常为其他同等体型动物的 4 倍，当然这与人类高度发展的科技医疗密不可分。然而，对于野外生存的动物来说，如果哪种动物想要比人类活得还长，可不是一件容易的事。

目前，仅发现 19 种动物比人类寿命相对更长，其中只有一种是来自啮齿目的裸鼹鼠，其余 18 种都是来自翼手目的蝙蝠物种。相对于身体大小来说，蝙蝠具有超乎寻常的寿命，尤其是鼠耳蝠属蝙蝠具有非常惊人的长寿纪录，13 种体重为 7~25 克的蝙蝠，至少可以生存 20 年。蝙蝠中寿命最长的布氏鼠耳蝠，虽然体重只有 7 克左右，但野外存活时间可长达 41 年之久，是相似体型哺乳动物的 8 倍之多，按体型换算后大概相当于人类的 240 岁，这是一个多么惊人的数字！因此，蝙蝠不仅是科学界公认的"长寿明星"，更是科学家眼中研究长寿机制的理想模型。

蝙蝠的长寿机制一直是谜一样的存在，人们迫切地想要知道为什么蝙蝠能够拥有如此惊人的超长寿命？其体内究竟隐藏着怎样的长寿秘诀？对于实现全人类健康长寿的愿望有何启示？为了寻找这些问题的答案，各研究领域的科学家们进行了大量研究，并陆续发现蝙蝠中某些特殊行为和生理机制可能是促进蝙蝠长寿的重要因素。

高超的飞行能力

生活史理论预测，长寿命的物种往往要求具有低的外在死亡率。要想活得久，逃命的本事要强，即要有足够的技能躲避偶然的死亡风险。说起逃跑的本事，蝙蝠可是高手中的高手。蝙蝠高超的飞行能力，使其在遇到危险时可快速逃逸，有效降低个体死亡风险，增加生存机会。当然，蝙蝠发达的飞行能力还可能促进了其他生理机能的适应性改变，如出色的氧化应激防护机制，也可能有益于其寿命的延长。

冬眠行为

自然界中的一些动物在遭遇不良环境条件时，如难以活动和觅食的冬季，

图 2-8 冬眠中的马铁菊头蝠（肖艳红 拍摄）

通常会以冬眠的方式来度过。蝙蝠也具有这一行为（图 2-8）。科学家发现，冬眠蝙蝠的寿命平均要比非冬眠蝙蝠长 6 年，冬眠时间更长的蝙蝠物种的寿命最多可延长 8 倍。那么，冬眠是如何促进蝙蝠的长寿呢？首先，冬眠与飞行行为一样，是蝙蝠规避风险、降低死亡率的行为方式，不仅减少了蝙蝠面对食物资源匮乏引起的饥饿风险，还降低了蝙蝠由于觅食暴露而反被捕食的风险。其次，也有研究认为，寿命与新陈代谢水平成反比，新陈代谢水平低的动物寿命会相对较长。冬眠期间蝙蝠的新陈代谢水平降低，不仅节约了身体能量，而且减少了由高代谢水平引起的氧化损伤的积累。另外，冬眠行为体现了蝙蝠强大的体温调节能力。冬眠期间，蝙蝠通常将其体温从 40℃左右降低到 6℃左右，在冬眠阵的周期性觉醒中又可快速升高体温。蝙蝠的温度调节能力，使它们在面对病原侵袭时，可通过升高体温的方式将体内感染的病原杀死而又不伤及自身。蝙蝠完善的体温调节能力和忍受较大范围体温变化的能力，或许增强了其抗病原感染能力，减少了疾病发生，有助于寿命延长。

低繁殖率

　　繁殖率也与动物寿命密切相关。动物会权衡繁殖和竞争等因素，形成不同的生存策略，实现整个种群的发展延续。一般来说，体型较小的哺乳动物繁殖率高，产生数量多但寿命短的后代，比如鼠类；大体型动物繁殖率低，产生数量少但寿命长的后代，比如象。所不同的是，蝙蝠虽然体型小，但是其后代却是数量少而寿命长，属于低繁殖率。60% 以上的蝙蝠物种一胎仅一仔，只有少数的蝙蝠物种会诞下双胞胎或者多胞胎。低繁殖率意味着生殖消耗较少，能保存较多的能量分配给其他有利于自身生存的生物学过程，也有利于蝙蝠长寿。

抗氧化损伤

　　科学家发现蝙蝠体内可能还蕴含着延缓衰老的秘诀。无论寿命长短，生物都会衰老，只是衰老快慢的差别。依据自由基理论，衰老是对身体有损伤作用的活性氧积累的结果。如果身体内清除活性氧或者修复由活性氧造成损伤的速率大于活性氧的产生速率，那么机体就会有效地延缓衰老。蝙蝠的长寿很可能得益于其体内的活性氧水平低且具有特别的抗氧化损伤机制。例如，与体型相似的短尾鼩鼱和白足鼠相比，具有较长寿命的莹鼠耳蝠的心脏、大脑和肾脏中每单位氧气消耗所产生的活性氧的种类更少；蝙蝠血液中超氧化物歧化酶和过氧化氢酶的活性高于其他哺乳动物，能有效清除体内过量的活性氧。此外，蝙蝠特殊的飞行和冬眠行为可能会进一步促进其体内相应抗氧化防御机制的适应性进化。蝙蝠飞行是高耗能行为，需要机体具有较高的新陈代谢水平进而产生大量的活性氧，所以为避免过多的活性氧对机体造成损伤，蝙蝠很可能演化出有效的抗氧化防御机制。另有研究发现，冬眠蝙蝠体内活性状态的抗氧化蛋白水平高于非冬眠蝙蝠。因此，蝙蝠体内特殊的抗氧化机制，可能与飞行、冬眠行为互相影响，形成复杂机制共同促进了蝙蝠寿命的延长。

端粒保持与 DNA 修复

　　有关蝙蝠长寿的分子机制研究或许能为我们解开蝙蝠更深层的长寿奥

秘。染色体端粒被科学家称作"生命时钟"，是位于染色体末端具有保护作用的核苷酸重复，能够稳定染色体结构。许多动物的端粒会随年龄增长而缩短。例如，在人类细胞中，由于细胞复制过程很难复制到染色体的末端，导致端粒在细胞分裂的过程中不断缩短。当端粒严重缩短时，细胞会发出DNA损伤信号，并经历细胞衰老。与其他哺乳动物不同，长寿蝙蝠具有特殊的端粒保持机制，再次给人们带来了惊喜。最近一项研究发现，大鼠耳蝠和巴氏鼠耳蝠的端粒不随年龄的增长而缩短，能够保持基因组稳定性，实现延缓衰老和寿命延长。

蝙蝠寿命影响因素多而复杂，目前人们对蝙蝠长寿机制的认知较为有限。尽管如此，随着科学研究的不断深入，蝙蝠长寿秘诀将被逐渐揭晓，为人类实现健康长寿的目标奠定新的理论基础。

第三部分 ——— 蝙蝠与人类

图 3-1 故宫馆藏——黄色缎绣彩云蝠寿字金龙纹龙袍

21. "蝠倒" = "福到"?

　　蝙蝠长相"委婉"，又深居潮湿阴暗洞穴，而且在夜间外出捕食，特立独行的样貌和习性千百年来吊足了普罗大众的好奇心。中国把飞翔的蝙蝠比作"仙"，而西方却看作是"魔"，无论哪种，都赋予了蝙蝠神秘、超自然的属性。

　　在中国古代，有很多关于蝙蝠的故事和传说。例如，明代《历代神仙通鉴》记载，中国传统文化中的"赐福镇宅神君"、八仙中的张果老就是混沌初开时的白蝙蝠精所化，专司为人间赐福；清代长篇小说《斩鬼传》中提到，钟馗被封为驱魔大神之后，于奈何桥收一蝙蝠为随身向导，作为捉鬼先锋，于是，蝙蝠便成了"福"的向导，有它出现，就是有"福"要到了；民间传说清朝开国君主努尔哈赤曾在战败之时幸得漫天蝙蝠飞落其身、掩藏救命，从此将蝙蝠视作吉祥天神，并将其绣于龙袍之上（图 3-1），象征洪福齐天。

图 3-2　故宫馆藏——掐丝珐琅五福捧寿纹圆盒

　　除了神话传说，因"蝠"与"福"字同音同形、蝙蝠音同"遍福"、蝙蝠倒挂有"福到"（蝠倒）之意等谐音意象，从古至今的艺术家们一直在用丰富的想象力，将蝙蝠变形为人们喜欢的外形美观、寓意吉祥的图案，广泛运用在各种建筑、器具、服装、雕刻等的造型或纹饰中，借以寄托美好和祥瑞的愿望。例如，古代铜钱钱眼上面的蝙蝠寓意"福在眼前"；门槛上饰有蝙蝠则是"脚踏福地"；由五只蝙蝠均匀相环，中间为一"寿"字组成了"五福捧寿"（图 3-2）等。

　　蝙蝠纹饰延续之长、寓意之多、运用之广泛，居于我国传统装饰纹样之首。早在文字出现之前的新石器时代，红山文化中就出现过原始特征的蝙蝠造型；以蝙蝠形象作装饰则最早出现在商代到春秋战国时期，那时的蝙蝠雕刻形象带有浓厚的神秘气息；到了两汉时期，一些器具，如连弧纹铜镜上，不但刻有蝙蝠图案，还配有文字："长相思，毋相忘，常富贵，乐未央"，将蝙蝠与富贵联系在了一起。蝙蝠纹样真正的繁荣始于明清时期，这一时期的建筑、丝织、陶瓷及家具装饰上都广泛地应用了蝙蝠纹饰，形成了具有中国传统文化特征的一种装饰纹饰（图3-3和图3-4）。其中，将"福"文化透过蝙蝠意象发挥到极致的要数清朝建筑、中国历史上不折不扣的"万福之地"——恭王府了。在恭王府，从房檐到窗棂，从椽头到彩画，几乎随处可见各种造型的蝙蝠形象，相传共有9 999只蝙蝠或明或暗藏于其间。即使到了物质和精神高度文明的今天，蝙蝠图案作为吉祥如意的象征和中华传统文化的代表，仍然随着"中国风""复古风"席卷现代家具与服装等设计行业，成为各行设计师们青睐的设计元素（图3-5至图3-7）。

然而，在西方传统文化中，蝙蝠却一直被看作是狡猾、罪恶、凶残和邪恶的妖魔化身。古希腊《伊索寓言》中塑造了一只狡猾的蝙蝠形象：一只蝙蝠被一只憎恨鸟类的黄鼠狼逮住，蝙蝠请求饶命，辩称自己是老鼠不是鸟类，黄鼠狼便放过了它；后来，这只蝙蝠又被另一只厌恶老鼠的黄鼠狼逮住，蝙蝠又说自己是鸟类，而非老鼠，再度逃过一劫。西方神话中的恶龙与恶魔撒旦都长着类似于蝙蝠的翅膀。而基督教的《圣经》则更是将蝙蝠归入"可憎、罪恶之物"。在很多西方文学和影视作品中，蝙蝠通常与吸血僵尸、恐怖城堡、凶恶巫师如影随形，以至于很多人都认为蝙蝠是吸血鬼的化身。直到现在，蝙蝠也仍是西方传统节日——万圣节用来增加恐怖氛围的常客。而事实上，从本书前面的介绍中可以知道蝙蝠的食性是多样的，大部分蝙蝠是食虫蝙蝠或食果蝙蝠，仅有3种蝙蝠以鸟类或小型哺乳动物的血液为食。近些年来，大家耳熟能详的系列电影《蝙蝠侠》的热播，带给人们一个充满正义感、锄强扶弱、保护人类安全的英雄形象，使蝙蝠在西方人心目中的形象有所好转。

尽管传统中西方文化赋予蝙蝠的形象截然不同，却是同样的梦幻神秘。如今，自然科学的发展使得蝙蝠在人类面前现了"原形"——它们只是一个兄弟姐妹比较多的哺乳动物类群，并非人们想象中的那样魔幻。但是，留一点"福"气，留一点神秘，又有什么不好呢？以蝙蝠图形为代表象征的"福文化"现象，不是恰恰体现了中国传统文化历来崇尚"推天道以明人事""天人合一、道法自然"的人与自然和谐相处的生态理念吗？

图 3-3　故宫馆藏——宣统款青花
　　　　矾红彩云蝠纹直颈瓶

图 3-4　故宫馆藏——金镶宝石蝙蝠簪

图 3-5　寓意为"福足"的现代摆件

图 3-6　现代蝙蝠手机挂件

图 3-7　寓意为"福到眼前"的现代摆件

22. 蝙蝠是"潘多拉魔盒"？

　　周韶光在《蝙蝠给人类的一封信》中，这样描述蝙蝠："我凭一己之力，封印病毒数万年，努力扮成一个孤独的潘多拉盒子"，盒子打开，"那些病毒，就必然要寻找新的宿主"。说起"潘多拉魔盒"，大家一定不会陌生，这源于一则古希腊经典神话，喻指灾祸之源，魔盒被打开就会引起种种祸患。将蝙蝠比喻成"潘多拉魔盒"，似乎名副其实。但是，蝙蝠真的是令人忌惮的"潘多拉魔盒"吗？这要从非典型性肺炎和新冠肺炎病毒致病机制，以及蝙蝠与病原体的关系谈起。

　　非典型性肺炎和新冠肺炎的冠状病毒有何特异功能，能够感染人类呢？这需要给大家介绍两个重要主角：人类细胞膜上血管紧张素转化酶2（angiotensin-converting enzyme 2, ACE2）和冠状病毒的刺突蛋白（spike protein, S 蛋白）。ACE2 是一种可调节人体血压的膜蛋白，广泛存在于人类肺、心脏、肾脏和肠道中。S 蛋白是冠状病毒最外层的"小刺"结构，具有 S1 和 S2 两个亚基。SARS 和新冠肺炎的冠状病毒，均能够通过其 S1 亚基的受体结合域，特异识别并"劫持"人类细胞膜上的 ACE2；S2 亚基则可以进行膜融合，从而完成病毒入侵。如果把 ACE2 比喻成是人类细胞膜上一扇门的门锁，那么 S 蛋白就是能够打开这把锁的专用钥匙（图 3-8）。

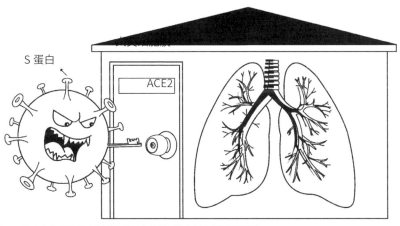

图 3-8　SARS 和新冠肺炎的冠状病毒入侵人体过程示意图

蝙蝠是 SARS 冠状病毒的宿主吗？科学家们经过多年的艰辛工作，在云南省一个偏僻山洞里找到了多株冠状病毒。这些源自中华菊头蝠（图 3-9A）病毒的一些关键基因与 SARS 冠状病毒序列一致性最高达到了 97%，属于高度同源；但它们又与 SARS 冠状病毒并非完全一致，被称为 SARS 样冠状病毒。科学家们对这些病毒株进行了离体细胞感染试验，惊讶地发现有一些病毒株竟然可以直接利用人类 ACE2 进入 HeLa 细胞（用于表达 ACE2 的一种人类宫颈癌细胞）。随后，科学家们又发现该山洞附近居住的村民中，约 2.7% 的人血清中存在 SARS 样冠状病毒相关抗体，但没有引起较明显的症状。这些例子说明，蝙蝠 SARS 样冠状病毒可能具有直接传染人类的能力，但毒性小、传染率低。石正丽研究员曾在"追踪 SARS 来源"公开演讲中这样说："尽管没有发现和 SARS 病毒完全一模一样的病毒，但我们发现了一个 SARS 病毒的天然基因库。如果把 SARS 病毒比作一个积木，那么组成积木的所有模块都在这个洞里找到了"。这意味着 SARS 冠状病毒很可能起源于中华菊头蝠 SARS 样冠状病毒的混合重组。

　　那么，蝙蝠也是新冠病毒的宿主吗？科学家们发现，在全基因组水平上与新冠病毒相似度最高的是源自菊头蝠科的另一种蝙蝠——中菊头蝠（图 3-9B）所携带的 RaTG13 病毒株，相似度高达 96.2%，而且 S 基因序列相似度也达到了 93.1%。但在能够决定病毒能否识别人类 ACE2 的

A

B

图 3-9　中华菊头蝠（A. 刘森 拍摄）与中菊头蝠（B.Gabor Csorba 拍摄）

关键区域—S1 亚基受体结合域上，RaTG13 病毒株与新冠病毒却存在较大差异：氨基酸序列相似度仅为 89.2%，而且受体结合域最关键的 5 个氨基酸残基中，二者仅有 1 个相同。至今也无证据证实，蝙蝠来源 RaTG13 病毒株可以直接感染人类。因此，从目前的研究结果来讲，只能推断蝙蝠似乎是新冠病毒宿主。

　　事实上，除了拥有"病毒库"，蝙蝠体内和体表还携带有一些能够引起人兽共患病的病原体。这些病原体包括细菌（巴氏杆菌、沙门氏菌等）、真菌（荚膜组织胞浆菌、念珠菌等）、血液寄生虫（锥虫、利什曼原虫等），

图 3-10　蝙蝠与潘多拉魔盒

以及体表寄生虫（蝠蝇、蛛蝇、蜱、革螨、跳蚤等）（图 3-10）。

　　蝙蝠可能通过以下几种途径，将病原体传染给人类：

　　（1）被蝙蝠咬伤或者抓伤　动物口腔内可能会存在较高滴度的病原体，如唾液腺可以排出狂犬病病毒。在拉丁美洲，曾多次发生由吸血蝙蝠叮咬人类造成狂犬病病毒感染并致死的案例。需要注意，99% 的人类狂犬病是由犬类引起的，而由蝙蝠引起的概率极低。

　　（2）近距离、长时间接触蝙蝠粪便、尿液或吸入其气溶胶　在发现有

多种 SARS 样冠状病毒株存在的山洞附近，少量村民血清中检测到了相应抗体的存在，虽然并不能证实病原体是由蝙蝠直接传染给人类，但应该引起足够的重视。

（3）食用蝙蝠　在捕猎、屠宰和食用过程中，人类会直接接触到蝙蝠及其血液、内脏等，大大增加了体表、体内寄生虫或其他病原体的感染概率。

（4）通过潜在的中间宿主传播　病原体可能通过蝙蝠传播给其他动物宿主，比如果子狸、骆驼等，然后间接传播给人类。这些中间宿主与蝙蝠之间，可能存在多种接触途径，比如在蝙蝠栖息地生活或者觅食等。但病原体由蝙蝠如何传染给中间宿主，以及在传递过程中如何变异，并获得感染人类的能力，至今尚不清楚。

综上可知，蝙蝠携带众多病原体，还具备传染人类的潜力。那蝙蝠真的是"潘多拉魔盒"吗？对于这个问题，首先，应该保持一个清醒的认识：蝙蝠种类约 1 400 种，而目前报道人兽共患病宿主的蝙蝠种类，不及蝙蝠种类总数的 10%。石正丽团队经过十几年的艰辛工作，走遍祖国大江南北，才在极少数山洞中找到了携带有 SARS 样冠状病毒的菊头蝠科蝙蝠。因此，遇到一只携带人兽共患病病原体的蝙蝠概率非常低，而且通过蝙蝠直接传播给人类疾病的概率也极低。其次，蝙蝠不是携带病原体的唯一类群，也不是携带病原体最多的类群。其他野生动物，包括啮齿类、灵长类、兔形类、有蹄类、鸟类等，都携带有大量人兽共患病病原体；病原体啮齿类宿主的物种数量，比蝙蝠宿主还多 1 倍，而且啮齿类动物比蝙蝠数量更为庞大，分布更为广泛，与人类接触更为频繁。

人类从未停止过对野生动物的猎杀和食用。人类活动范围不断扩大，使得野生动物的栖息地遭到了严重的破坏。原有的生态平衡被打破，不同野生动物之间、人类与野生动物之间的接触越来越多，无形中增加了人兽共患疾病潜在的传播途径，也提高了疫病在人类中暴发的概率。蝙蝠以及其他野生动物算不上真正意义的"潘多拉魔盒"。或许应该警惕的不是"潘多拉魔盒"，而是打开"魔盒"者。

23. 遇到蝙蝠能不能"盘"？

"盘他"已经成为当今社会的网络热词，表示玩弄、抓在手里反复揉捏等意。网友们常有"万物皆可盘"一说，好像不管什么都逃不脱被人"盘"的命运。那么，外形酷炫，满满黑暗和神秘气质的蝙蝠是不是也能"盘"（图3-11）？直接或间接接触蝙蝠应该如何做好个人安全防护？

图 3-11　你想"盘"蝠吗？（黄晓宾 拍摄）

"盘"蝠有风险。蝙蝠携带多种人兽共患病病毒。其中，狂犬病病毒更是被证实可直接经蝙蝠传给人而引发狂犬病（发病后死亡率可达100%）。另外，蝙蝠体表栖息大量寄生虫，可能在接触中转移到人类体表，而蝙蝠体表寄生虫所携带的多种病原体，可引发卡里翁氏病、战壕热和斑疹伤寒等疾病。再者，蝙蝠粪便，特别是栖息地内积累的大量粪便会滋生荚膜组织胞浆菌，导致组织胞浆菌病的发生，且中国境内已有疑似接触蝙蝠粪便致病的案例报道。最后，蝙蝠尿液如果通过伤口、眼睛、鼻子或嘴巴进入人体，可能引发钩端螺旋体病；不小心食用被蝙蝠粪便污染的食物和水则可能感染沙门氏菌，引发肠胃炎。

　　蝙蝠以其独特的外形和气质吸引了一批忠实"粉丝"。他们希望直接将蝙蝠带回家成为自己的宠物，以便能天天"盘"蝠。但是，作为宠物，蝙蝠显然并不合格。暂且不论饲养蝙蝠存在的感染风险，许多蝙蝠物种所具有的独特体味，以及粪便、尿液和食物残渣散发的臭味都会严重影响人的生活环境。另外，蝙蝠是群居动物，它们的生存需要独特和稳定的环境条件，以及足够大的飞行空间（飞行是蝙蝠重要的日常活动），这需要建一个专门的饲养和飞行室，势必面临巨额花费。尽管蝙蝠的实际寿命最高可达40年，但非专业人工饲养的蝙蝠寿命一般不会超过6年，绝大多数仅为几个月，严重影响饲养体验。长期以来，蝙蝠在虫害控制、植物授粉和种子传播中扮演着举足轻重的角色。它们的使命是成为自然界的生态卫士，而不是铁丝笼内的宠物。

　　事实上，绝大多数人对蝙蝠仍然心存恐惧，甚至是厌恶。然而，蝙蝠几乎无处不在，特别是栖息人类聚集地附近的蝙蝠（如阿拉善伏翼、东亚伏翼等）还经常误入人类住宅。它们可能是为了捕食趋光性昆虫，也可能是在找不到合适冬眠地后寻求庇护。其实，面对这些"不速之客"，不用过度恐慌，但也不要试图直接驱赶或惊吓蝙蝠，因为可能导致蝙蝠受伤、躲藏甚至攻击人类。我们首先要做的是关闭所有房门，防止蝙蝠进入其他房间。之后，将通向室外的门窗打开，并关闭所有灯光，静静等待蝙蝠自行离开。如果蝙蝠没有飞走，可用长柄网兜或其他类似工具引导其向室外飞去。对于始终无法自行飞离的"顽固分子"及正在冬眠的蝙蝠个体（常栖息暖气片或空调周围），可以使用网兜或带上足够厚的手套直接抓捕。在室外温度适宜时，可直接将抓捕到的蝙蝠放到窗外；若在寒冷的冬季，则应该联系野生动物保护部门或相关专业人员寻求处理方案。蝙蝠被驱离后，应立即打扫和消毒房间，清理粪便和尿液，丢弃可能被污染的水和食物，并清洗双手。

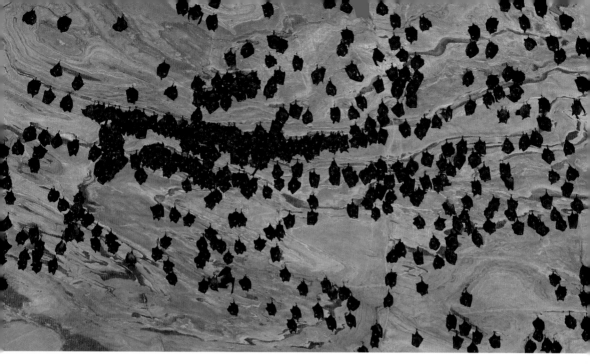

图 3-12 栖息山洞的普氏蹄蝠集群 （刘森 拍摄）

　　一只或几只蝙蝠误入人类住宅可简单驱离，但当蝙蝠以种群为单位直接"入驻"人类住宅区域又该如何处理？其实，蝙蝠通常只会栖息人类很少进入的地方（如阁楼、仓库、烟囱、墙壁缝隙），它们也不会像老鼠一样直接损坏建筑物或室内物品。另外，蝙蝠有自己独立的生态空间，和人类交集甚少，更不会主动攻击人。因此，人与蝙蝠在很多时候完全能够和谐共处。当然，如果蝙蝠的入侵严重影响了人们的正常生活，则可以联系林业和野生动物保护部门进行驱离。需要注意的是，驱离栖息人类住宅区域的蝙蝠应该在合适的时间进行，尤其应避开蝙蝠哺乳期（5 月中旬至 8 月中旬），否则可能造成驱离不彻底或大量蝙蝠死亡。驱离方案可以选择在蝙蝠进出栖息地的洞口安装单向门（由网孔直径细小的塑料网、PVC 管或可折叠塑料管等制成），保证蝙蝠只能离开不能进入；也可以在傍晚蝙蝠外出捕食后直接封堵洞口。蝙蝠飞离人类住宅后，还需要对蝙蝠栖息的地方进行彻底的清扫和消毒。

　　洞穴为全球大多数蝙蝠物种提供了一个稳定、安全且永久的栖息地。因此，许多游客和探险者常在各种洞穴内遭遇数量庞大的蝙蝠集群（图 3-12）。实际上，自然栖息中的蝙蝠不会主动攻击人，甚至活跃状态（没有睡觉或冬眠）下的蝙蝠常自行远离入侵者。同时，蝙蝠发达的回声定位系统也保证它们在完全黑暗的环境中不会与人类发生任何碰撞和冲突。但是，蝙蝠栖息地经常有排泄物落下，而且大量积累的排泄物不但散发恶臭，而且会滋生致病性微生物。所以，我们应该尽量避免进入蝙蝠领域。当然，在别无选择的情况下，我们可以采取相应防护措施。首先，进入蝙蝠领域前应穿戴一定的防护装备，包括头盔或帽子、口罩、手套等，并尽量减少暴露在外的皮肤，尤其不要暴露伤口。另外，口袋和背包应封口，防止蝙蝠或者排泄物进入。通过蝙蝠栖息地时应保持安静，低头快速通行，切不可用照明设备直射蝙蝠（可能造成蝙蝠恐慌和激动），也不应触碰冬眠或睡觉的蝙蝠（觉醒后的蝙蝠可能会攻击入侵者），更不能接触生病、受伤、死亡或掉到地上的蝙蝠（可能携带病原体）。离开蝙蝠栖息地后，应立即清理身上的排泄物，彻底清洁双手，并禁食被污染的食物和水。

尽管大多数时候蝙蝠不会主动攻击人类，但当蝙蝠被陷阱困住或被人抓捕时却十分具有攻击性。因此，正常情况下并不建议非专业人员触碰蝙蝠，而专业人员在接触蝙蝠前也必须选戴合适的手套。如果被蝙蝠攻击（如被抓伤、咬伤、唾液污染伤口或黏膜），面临病毒感染风险，也不用过分恐慌。科学研究证据表明，蝙蝠携带的病毒中能够不通过中间宿主直接感染人类的情况还是很少见的。虽然狂犬病病毒被证明能够由蝙蝠直接感染人类，但蝙蝠个体感染狂犬病病毒的概率很低。而且，在每年全球因狂犬病死亡的病例中（约5.5万例），由蝙蝠传播的小于1%，且大部分源自吸血蝙蝠（未在中国分布）。尽管如此，也不能抱有任何侥幸心理，只要存在感染风险，就必须立即采取处置措施：①如果有可能，应将攻击或接触自己的蝙蝠抓住，并保证其头部完整，以便进行病毒检测。②立即使用肥皂和清水彻底冲洗伤口至少15分钟，切记不要用力擦洗，以免加速病毒经伤口进入体内。③使用碘伏、酒精或可杀死狂犬病病毒的其他溶液清洗伤口。④伤口清理完成后，立即前往医院的狂犬病暴露预防处置门诊，按医嘱全程接种狂犬病疫苗。另外，对存在皮肤被贯穿、破损的皮肤被舔舐或伤口位于头面部的伤者，还需要在伤口周围浸润注射狂犬病免疫球蛋白。

最后，也建议长期或频繁接触蝙蝠的人员进行狂犬病疫苗的暴露前预防接种。暴露前预防接种可减少暴露后的接种次数，也不再需要接种昂贵的狂犬病免疫球蛋白，同时可为暴露后处置延迟和未意识到已经感染狂犬病病毒的人提供一定的保护。

面对来自野生动物的威胁，最好的防护永远不会是穿戴高级防护装备，也不会是接种各类疫苗，而是学会尊重生命和敬畏自然，与野生动物和谐相处！

24. 是蝙蝠威胁了人类，还是人类伤害了它？

近几十年来，蝙蝠在各类新闻报道中总是背着"黑锅"出现。可是在自然界中，如果没有人类的恶意破坏，蝙蝠其实从不主动攻击或咬伤人类。在美国，几百万蝙蝠与都市居民和谐共存（图 3-13）。在我国，过去也经常能看到成群蝙蝠在夏季夜空翩翩飞舞。正如前文所述，蝙蝠在生态、经济、科研及文化方面具有重要的价值。然而，在人类占主导的世界，蝙蝠的生存正面临严峻挑战。蝙蝠种群数量在近几十年急剧下降，村庄原来经常出没的蝙蝠消失得无影无踪。蝙蝠种群数量为何下降？哪些人为因素可能给它们带来危害？

过度捕杀

一些发展中国家居民猎杀蝙蝠，用于烹饪佳肴、缓解疾病、制作装饰或预防病毒。狐蝠平均体重约 200 克，肌肉丰富，被视为上等野味。非洲加纳人喜爱食用黄毛果蝠，当地蝙蝠产业链发达，有集贸市场、猎户、商贩及消费群体，每年有超过 12 万只黄毛果蝠远销城镇。印度尼西亚婆罗洲人将马来大狐蝠的肉和肝当作灵丹妙药，2003 年仅 1 月就有 4 500 只马来大狐蝠被当地人购买。食用蝙蝠的现象在我国南方局部地区也存在，笔者于 2010—2015 年在广西开展蝙蝠调研，发现当地商人向村民收购大蹄蝠进城贩卖。尽管我国居民极少食用蝙蝠，但据报道，大长舌果蝠、大狐蝠、棕果蝠和果树蹄蝠也曾进入人们的餐桌（图 3-14）。蝙蝠体内携带大量病毒，食用蝙蝠无疑存在相当大的患病风险。近年，我国政府高度重视野生动物保护。蝙蝠作为野生动物的一员，猎捕、杀害、出售及食用蝙蝠将触犯相关法律法规。

生境退化

森林采伐、围湖造田、修建房屋、铺设道路，这些人为活动可能导致蝙蝠的觅食生境退化，难以供给充足食物。生境退化对于植食性蝙蝠的影响较弱，

图 3-13　观赏墨西哥游离尾蝠已成为美国得克萨斯州
奥斯汀的特色旅游项目（Merlin Tuttle 拍摄）

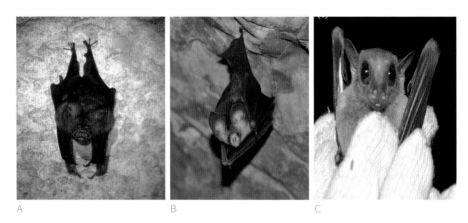

图 3-14　被收购贩卖的蝙蝠
　　A. 大蹄蝠；B. 果树蹄蝠；C. 棕果蝠（孙淙南、刘慕勋和戴文涛　拍摄）

但却加剧了它们与果农的冲突风险。生境退化对于食虫蝠的影响较大。食虫蝠偏爱在原始森林周边捕捉昆虫，远离耕地、沼泽和人工草地。森林砍伐导致许多原生植被消失，原始森林出现退化，食虫蝠物种多样性随之降低。当生境中原始森林低于 47.81% 时，食虫蝠物种多样性将会急剧下降。

栖息地干扰

　　栖息地是蝙蝠交流、繁殖和冬眠的家园。蝙蝠白天成群"宅家"，人类对栖息地的干扰极易造成种群数量下降。许多植食性蝙蝠和食虫蝠选择树洞或树叶作为栖息地，森林砍伐导致它们已无容身之地。在亚洲、非洲及南美洲等地，人类对蝙蝠栖息洞穴的干扰令人担忧。据统计，我国许多洞穴被旅游开发，严重干扰了洞栖蝙蝠。人类采集石灰岩直接毁坏蝙蝠家园，这对于妊娠期的母蝠犹如经历一场浩劫，因为孕育幼蝠需要温度、湿度极佳的"育儿所"。洞穴探险与游玩打闹，这些看似不起眼的轻微干扰，也将引起冬眠蝙蝠提前苏醒与惊慌飞行，导致它们浪费能量，最终可能难以熬过寒冬。

全球气候变化

　　近百年来，地球表面的平均温度升高了约 0.6℃，这很大程度上是由于人类活动释放的温室气体造成的。温带蝙蝠一般在秋季交配，雌蝠储藏精子入冬，春季受孕产仔。全球气候变暖将可能误导雌蝠提前分娩，错失食物高峰季节。英国科学家连续 9 年追踪马铁菊头蝠的繁殖规律，发现春季温度每增加 2℃，幼蝠就会提前 18 天出生。更离谱的是，全球气候变暖导致西班牙境内大鼠耳蝠在冬季产仔，创造蝙蝠产仔最早纪录。为了寻找气候适宜的生境，一些食虫蝠向高纬度和高海拔地区移动，这好比中国近代的"闯关东"。然而，空间移动可能导致蝙蝠因摄食不足而中途死亡，可能加剧种间争斗导致两败俱伤，也可能增大被猫头鹰猎杀的风险。一些热带植食性蝙蝠由于食性特化，选择继续待在"老家"，然而它们却在夏季高温下被热死。

生物入侵

野生生物经过长期竞争、捕食和互利共生，形成相互制约、彼此依赖的食物网。人类有意识或无意识地引入外来物种，将打破本土生物多样性，导致食物网急剧变化。目前，至少 50 种蝙蝠面临入侵生物的直接或间接威胁。在英国，看似温驯的家猫能够猎杀 30 种蝙蝠。在澳大利亚，入侵种白环蛇导致圣诞岛伏翼种群数量锐减。山羊、家鸽、鹦鹉、蜜蜂及老鼠，这些与人类生活息息相关的动物，随着人类足迹渗透岛屿，也引起当地蝙蝠栖息地受损、食物多样性降低。入侵植物对蝙蝠的栖息、飞行和觅食也构成潜在威胁。近些年，北美几百万只冬眠蝙蝠丧失生命，研究人员发现导致蝙蝠死亡的锈腐假裸囊子菌很可能通过人类活动由欧洲引入北美洲。

环境污染

常见的环境污染包括化学污染、光污染和噪声污染。蝙蝠是夜行性昆虫的天敌，是花粉和种子的传播媒介，它们以湖泊、水库和沼泽等作为饮用水源，是杀虫剂、保果药和工业污染物的高危暴露群体。尽管有机氯农药在 20 世纪 70—80 年代被世界各国强行禁止，但残留的有机氯农药仍然富集于大部分蝙蝠体内，引起蝙蝠中毒死亡或生理功能损伤。此外，随着城市化进程加剧，泛滥的灯光和人为噪声引起光污染和噪声污染，严重影响蝙蝠的生活节律和食物获取。尽管灯光能够吸引昆虫，为少数蝙蝠提供捕食机会。然而，大部分蝙蝠会因对灯光高度敏感而躲避灯光。人为噪声可降低蝙蝠的声呐探测性能，增加捕捉昆虫的难度，降低蝙蝠捕食效率。

冲撞事故

风能设施和交通车辆经常引起蝙蝠冲撞事故。节能型风力发电机一般建于高山，周边绿荫环绕，蝙蝠可能误把风能设施当作栖息地、觅食地、迁徙中转站及"相亲场所"，误导蝙蝠与风能设施冲撞致死或充血而亡。风能设施已经造成欧美数十万只蝙蝠死亡。另外，蝙蝠也是交通事故的受害者。食虫蝠在夜间沿着公路活动，飞行高度和速度较低，容易与车辆发生碰撞致死。据统计，因撞车死亡的蝙蝠可能只占当地种群的 5%，但该数字可能被低估，因为蝙蝠尸体容易被道路维护工人及时清除。

综上所述，尽管蝙蝠在夜晚活动，他们仍然受到严重的人类干扰。其实，人类与蝙蝠和其他野生动物共同生活于地球，相互联系、彼此依赖。只有理性看待和解决野生动物与人类的潜在冲突，才能实现人与自然和谐共存，构建稳定、健康、绿色的美丽家园。

25. 如何避免蝙蝠相关传染病的暴发？

蝙蝠携带的病毒可能直接感染或间接感染人类。前者通过人与受感染的蝙蝠直接接触发生，后者则通过被蝙蝠感染的家畜或野生动物等中间宿主间接传播发生。为了避免蝙蝠携带的病毒对人类的潜在感染，科学有效地防止病毒的传播，预防野生动物相关传染病的发生，需要采取以下措施。

全面禁止非法野生动物交易，禁食野生动物，切断病毒传播的"源头"

有研究表明，超过 70% 的新发传染病来自野生动物。蝙蝠作为众多病毒的自然宿主，可能将病毒传播给其他野生动物。人类在捕杀野生动物过程中，动物将携带的病毒通过飞沫、咬伤等方式传播给接触者，后者又通过飞沫、接触等途径感染给其他人。食用野生动物也可能会导致病毒对人的直接感染。因此，避免蝙蝠相关传染病的发生，最重要的是杜绝非法野生动物交易，禁食"野味"，彻底切断野生动物与人之间的传播途径。2020年2月3日，习近平总书记在中央政治局常委会会议研究应对新冠肺炎疫情工作时的讲话中提到，"食用野生动物风险很大，要坚决革除滥食野生动物的陋习，坚决取缔和严厉打击非法野生动物市场和贸易，从源头上控制重大公共卫生风险。"令人振奋的是，2020年2月24日，我国第十三届全国人民代表大会常务委员会第十六次会议已经通过了《关于全面禁止非法野生动物交易、革除滥食野生动物陋习、切实保障人民群众生命健康安全的决定》。非法野生动物交易的禁止和禁食将意味着从"源头"切断病毒的传播。

同时，应进一步完善《中华人民共和国野生动物保护法》，完善野生动物保护名录。建议将蝙蝠列入国家保护动物行列，禁止随意捕杀，加强加大执法力度。作为公众，应自觉摒弃"野味滋补"的伪健康观念，革除滥食野生动物陋习，不以食用野生动物为乐，养成科学健康文明的生活方式；自觉遵守野生动物保护法律法规，遇到各类非法盗猎、滥杀、食用和贩卖野生动物及其制品的违法行为应积极抵制，并向有关部门举报，真正做到从"源头"切断病毒的传播。

加强对畜禽养殖场选址及卫生的排查，避免中间宿主的产生

蝙蝠通常栖息在遥远偏僻的岩洞中，昼伏夜出，与人类直接接触的概率很小，其携带的病毒往往可能通过与其密切接触的中间宿主传播给人类。因此，如何避免家养动物与野生蝙蝠的密切接触，也是控制蝙蝠相关传染病暴发的重要措施。这需要政府加大对畜禽养殖场的管控，例如开展全面排查，关闭距离蝙蝠栖息地较近的小型养殖场，迁移距离蝙蝠栖息地较近的大型畜禽养殖场；指导养殖场工作人员科学开展消毒灭菌等卫生防控工作；督促养殖场严格履行防疫主体责任，增加免疫检测频次和力度，并全力配合卫生健康部门做好监测工作；在养殖场的畜禽流入市场之前，应进行严厉的检疫检验，

对不符合标准的畜禽进行处理。此外，与蝙蝠和其他野生动物密切接触的工作人员及科研工作者应该注重平时工作时的防护，全面避免病毒由中间宿主传播到人类社会的各种可能性。

减少对蝙蝠栖息地的侵扰，防止病毒溢出

人类活动范围的不断扩大和城镇化，如森林采伐、洞穴开发等诸多因素都直接或间接导致蝙蝠自然栖息地的减少。这迫使蝙蝠离开原有生境，侵入人类居住地附近，增加了直接或间接将病毒传播给人类或家畜的概率。为了减少蝙蝠病毒可能对人类造成的感染威胁，一些过激言论甚至声称要将蝙蝠全部捕杀以防止病毒的传播。实际上，蝙蝠物种多样性高、分布广泛，具有飞行能力，昼伏夜出，难以完全捕杀。最重要的是，蝙蝠在生态系统中发挥着十分关键的作用，例如控制害虫、传播种子以及为植物授粉等，对蝙蝠的捕杀必将导致不可挽回的生态灾难和经济损失。最为明智和正确的做法是减少对蝙蝠栖息地的侵扰，维持生态平衡，还蝙蝠自由生存空间。

政府相关部门和科研人员要加强对蝙蝠生态作用和物种保护的科普宣传，可以通过发放宣传册、播放宣传片、开展科普讲座等方式让大众了解蝙蝠对人类的益处以及保护蝙蝠及其栖息地的必要性，消除人们对蝙蝠的恐惧心理，同时做好个人安全防护。对蝙蝠及其栖息地的保护就是保护我们人类自己。对于蝙蝠栖息的洞穴或矿洞，尽量避免开发、开采和旅游。即便开发山洞，也要给蝙蝠栖息位置保留必要的空间和与游客进出路径不同的出飞通道，最大限度避免人类直接接触蝙蝠体液、粪便和尿液的机会，这样既可保护蝙蝠的栖息地，又可减少蝙蝠与人类的直接接触。

加强蝙蝠与病毒关系的科学研究，依靠科学的力量防护

正所谓"知己知彼，才能百战百胜"，而人类对蝙蝠与病毒的关系还知之甚少。未来，应全面深入开展对蝙蝠所携带病毒的生态学调查，掌握我国蝙蝠携带病毒种类的本底情况，开展病毒侵染机制的深入研究，研制简单、快速、准确的诊断方法与技术，以及可能的疫苗与救治药物，通过科学防控

的方法真正做到未雨绸缪。科研人员在开展科研试验期间，也应尽量降低对蝙蝠的影响，管控试验风险。此外，加强国际间交流协作，坚持"同一个世界，同一个健康"的理念，建立多学科、多部门协同联动机制，共同研究蝙蝠与病毒的关系，建立蝙蝠携带人兽共患病病毒的检测及防控长效机制，完善全球疫病监测网络和预警预报系统，信息共享，切实提高防控工作的有效性。

26. 我们应该如何保护蝙蝠？

伴随着快速的城镇化进程，中国的蝙蝠数量持续下降，如今，已很难看到夏天夜空中蝙蝠成群飞舞的景象了。依据《中国生物多样性红色名录——脊椎动物卷》，在中国分布的 130 多种蝙蝠，51% 的种类处于"近危"等级之上。另外，蝙蝠具有"慢"生活史特征：①繁殖率和出生率低，1 年只繁殖 1 次，每次 1~2 仔；②性成熟时间长，雌性通常在第 3 年才开始繁殖。这就意味着蝙蝠种群数量一旦下降，便很难在短时间内得到恢复。而蝙蝠作为夜行性农林害虫最重要的控制者，在维持生态系统平衡中发挥着重要作用，具有巨大的生态、经济和科研价值。因而，加强蝙蝠的保护与管理工作，势在必行。为了改变国内蝙蝠的濒危现状，建议从以下几个方面开展相关工作。

建立蝙蝠多样性监测网络

中国生物多样性监测与研究网络（Sino BON）于 2013 年启动建设，目前，已建成覆盖全国的 30 个主点和 60 个辅点，包含针对动物、植物、微生物等多种生物类群的 10 个专项监测网和 1 个综合监测管理中心，为我国生物多样性监测和研究发挥了示范和引领作用。然而，作为唯一会飞的哺乳动物，蝙蝠体型较小，通常在夜空活动，再加上其栖息在山洞、矿洞、树洞、岩缝及一些人工建筑等人们难以抵达的位置，使得在中国生物多样性的兽类监测网络中很难发现蝙蝠的身影。这就导致目前关于蝙蝠空间分布、种群动态变化等基础数据极为缺乏。众所周知，生物多样性监测和评估是制定和实施针对性保护策略的基本前提之一。因此，应组织科技工作者，尤其是蝙蝠分类方面的专家，依托中国生物多样性监测与研究网络，在全国范围内调研，获取蝙蝠种类分布现状、种群大小和种群结构、生境特征、人类干扰程度等基础信息，进而分析哪些种群需要采取针对性的保护措施，在权衡人力、物力、财力等多方面因素基础上，选择代表性的区域，设置监测样点，合理布局，组建监测网络，并将其纳入我国的兽类监测网络体系中，在监测和评估数据支撑下，有效开展蝙蝠保护工作。

保护蝙蝠栖息地

国内的蝙蝠多数栖息在山洞和老式建筑的空隙中。近年来，随着山洞的旅游开发、洞穴探险，以及老式建筑被拆除或者重修等，蝙蝠的栖息地被急剧压缩。因此，保护蝙蝠栖息的山洞不被开发或者规范人类进入山洞的活动已成为当务之急，尤其是对于蝙蝠繁殖和冬眠的山洞，毕竟成功繁殖是种群得以快速恢复的根本，而惊扰冬眠蝙蝠，会加速蝙蝠过冬脂肪的消耗，导致冬眠蝙蝠难以熬过食物短缺的冬季。为有效保护洞内栖息蝙蝠，可在洞口设置金属栅栏，既能让蝙蝠自由飞入飞出，又能有效防止无关人员的自由进入，但应注意栅栏间距，避免显著改变洞内的微环境而影响蝙蝠。此外，应在洞口设置相应的告示牌，给出警示以及相关联系人信息。若需要进入山洞，需要向山洞负责人申请，在山洞管理单位授权和负责人监督下，规范相关的科学研究、洞内探险等活动。即便出于旅游业等方面的考量，确实需要开发山洞时，也要给蝙蝠留足栖息空间以及相应的出飞通道，且不要安置灯光，以避免光污染对蝙蝠栖息和出飞的影响；同时，在洞内要尽量减少噪声的产生，以避免噪声污染对蝙蝠的负面影响。此外，在种群监测评估和栖息地调查基础上，可在极具蝙蝠多样性的热点区域，围绕蝙蝠的栖息地，在参照蝙蝠觅食生境基础上，建立相应的蝙蝠自然保护小区（图 3-15），在保护蝙蝠的同时，也能有效保护该区域的生物多样性，加强野生动物保护宣传（图 3-16 和图 3-17）。

图 3-15　我国第一个蝙蝠保护小区
　　　　——吉林省集安市蝙蝠保护小区（郭东革 拍摄）

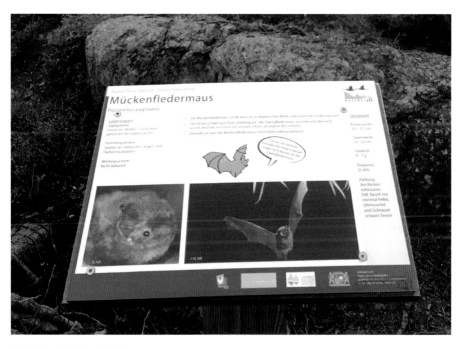

图 3-16　德国伯顿麦斯
　　　　——蝙蝠栖息山洞前的蝙蝠保护宣传（林爱青 拍摄）

图 3-171 保加利亚鲁塞
——蝙蝠栖息山洞前的蝙蝠保护宣传（林爱青 摄）

建造蝙蝠栖息场所

随着人类活动的加剧，大量的蝙蝠栖息地遭到了人类的侵占或破坏。在此情况下，需要在人类居住的环境中主动为蝙蝠提供栖息场所，以收留和保护那些"无家可归"的蝙蝠。在建造蝙蝠栖息场所方面，蝙蝠屋往往由于建造成本相对较低、安置灵活、占据人类生存空间小等原因，而成为理想的选择。蝙蝠屋可大可小（图3-18和图3-19），小的蝙蝠屋外形类似人造的鸟巢箱，不同的是，鸟巢箱的圆形开口在前方，而蝙蝠屋的狭窄开口在底部。这样便于蝙蝠从下方入口向上爬行，倒挂在顶部。蝙蝠屋可安置在公园、森林、大学校园、农田等相对空旷的场所。另外，在一些森林被大量砍伐或山洞被开发的地方，也应该安置不同大小的蝙蝠屋，但要注意安置的高度，若高度太低则易受到人类干扰，同时也不利于蝙蝠倒挂状态下的降落式滑行起飞。此外，蝙蝠屋的安置，也能避免一些蝙蝠被迫选择在人类居住的阁楼或建筑物中栖息，从而减少了人与蝙蝠的直接近距离接触机会。关于如何制作蝙蝠屋（箱），国际蝙蝠保护组织（Bat Conservation International, http://www.batcon.org）提供了相应的制作规范，可作参考。

图3-18 美国佛罗里达大学校园内的蝙蝠屋（王朔 拍摄）

图 3-19　美国马里兰州绿带城公园内的蝙蝠箱（孙克萍 拍摄）

规范农药杀虫剂使用，减少蝙蝠暴露风险

农药杀虫剂的大规模使用，目的是控制农林害虫，而多数蝙蝠以夜行性昆虫为食，由于杀虫剂通常难以在昆虫体内降解，捕食大量昆虫的蝙蝠则会对杀虫剂生物富集，再加上农药可能导致蝙蝠的水源地污染，使得蝙蝠暴露在农药下的风险急剧加大。过量农药的摄入，会导致蝙蝠自身免疫力下降、内分泌紊乱等，大大缩短蝙蝠的预期寿命或繁殖成功率。例如，在英国，林丹（lindane）杀虫剂曾被广泛应用于杀死住宅阁楼中的蛀木甲虫。后来人们发现，在使用这种杀虫剂的两年内，栖息在阁楼中的蝙蝠也被杀死，直至后来一种相对安全的新型杀虫剂被替代使用，这种局面才得以改善。实际上，不仅蝙蝠会暴露在化学制剂风险之下，以昆虫为食的其他动物，如食虫鸟类，也深受其害。蝙蝠和鸟类作为农林害虫的天敌，其数量的减少，导致人们不得不更多地使用农药杀虫剂，这反过来又加剧了蝙蝠和鸟类种群数量的下降，

形成一种恶性循环。这方面，可以借鉴西方一些国家的做法，为了减少甚至避免农药使用，他们会在农场建造蝙蝠屋或鸟舍，吸引蝙蝠和鸟类前来栖息，从而有效控制农林害虫，实现了害虫的绿色防控。

保护蝙蝠觅食生境

　　多数种类的蝙蝠在森林、灌木丛、河流或农田上方觅食。然而，随着森林采伐、围湖造田、房屋修建等人类改造自然界的活动，蝙蝠赖以觅食的林地、田野和其他觅食生境不断破碎化或消失。为了捕食，蝙蝠不得不转向更远的区域觅食，在增加时间和能量成本的同时，被捕食的风险也随之提高。国外的相关研究也表明，森林是维持蝙蝠多样性和种群数量的最重要生境之一，不但可以作为蝙蝠的觅食地，而且一些蝙蝠物种可以临时或长时间栖息在树洞、树叶、树枝、树皮中。森林采伐会造成大量原生植被消失，蝙蝠的物种多样性也会随之急剧下降。因此，在欧洲一些国家，政府通过鼓励人们种植绿篱、营造生态池塘、提高植物多样性等活动，为蝙蝠、鸟类等野生动物的觅食提供更多空间。目前，中国多年来的退耕还林和保护天然林政策已取得了巨大成效，很大程度上改善了人类的生态环境，并保护了生物多样性，减缓了蝙蝠、鸟类等野生动物生存空间的锐减，但与人类急剧改造自然界所导致的野生动物的觅食生境快速下降相比，依然任重而道远。

完善相关法律法规

　　现行的《中华人民共和国野生动物保护法》主要保护珍贵、濒危的陆生、水生野生动物和有重要生态、科学、社会价值的陆生野生动物，管理范围十分有限，导致对很多野生动物不能依法进行管控，这其中就包括绝大多数的蝙蝠、鸦类等传播疫病的高风险物种。其中，蝙蝠由于作为非典型性肺炎、新冠肺炎等人类新发传染病病毒的潜在宿主，更是成为众矢之的，加上公众对蝙蝠生态、科学、社会价值的不甚了解，使得一些驱赶甚至滥捕滥杀蝙蝠的现象时有发生，在减小蝙蝠种群数量的同时，也成为传播、扩散疫病的重大隐患。近年来，我国蝙蝠数量急剧下降，然而迄今为止尚没有一种蝙蝠被列入《国家重点保护野生动物名录》，这在很大程度上制约了对蝙蝠的有效保护。建议依据蝙蝠种群现状，对《国家重点保护野生动物名录》进行调整和修订，将一些濒危的蝙蝠种类列入《国家重点保护野生动物名录》，这样，才能依据《中华人民共和国野生动物保护法》有效制止对蝙蝠的不正当的捕获、滥杀行为。2020年2月5日，习近平总书记在中央全面依法治国委员会第三次会议上的讲话，就强调要抓紧修订完善野生动物保护法律法规，健全执法管理体制及职责，坚决取缔和严厉打击非法野生动物市场和贸易，从源头上防控重大公共卫生风险。当前《中华人民共和国野生动物保护法》的修改已被国家提上日程，我们也希望在不久的将来，对蝙蝠的保护能够有法可依。

加强蝙蝠保护公众教育

　　美国在20世纪80年代曾发生过一场与蝙蝠相关的舆论风波，因对狂犬病的恐慌而夸大宣传了蝙蝠相关的传染病风险，导致一些公众用药剂等捕杀驱赶蝙蝠，然而，适得其反，被驱赶的蝙蝠却进一步在社区扩散，反而增加了公众暴露蝙蝠的风险。实际上，蝙蝠通常栖息在人类难以抵达的地方，更不会主动攻击人类，因此，其直接传染给人类疾病的概率实际上很小。因此，应依托中国野生动物保护协会、民间动物保护组织等开展科普教育和宣传活动，使人们意识到蝙蝠的生态、经济和科研价值，改变蝙蝠在人们心目中的负面形象，使公众能够接受蝙蝠，甚至喜欢上这类动物。只有越来越多的公众意识到蝙蝠的重要性，甚至参与到蝙蝠的保护工作中，才能从根本上改善我国的蝙蝠保护现状。

参考文献

白蛟蛟，2018. 中国传统蝙蝠纹样研究及在现代面料图案设计中的应用 [D]. 长沙：湖南师范大学.

陈佳君，2009. 论北京恭王府之蝙蝠意象 [J]. 毕节学院学报（27）：90–96.

陈涛，2008. 吉祥文化下的蝙蝠图案研究及符号化解读 [D]. 重庆：重庆大学.

陈宇轩，赵华斌，2019. 吸血蝙蝠食性特化及其研究现状 [J]. 兽类学报（39）：202–208.

崔豹，1935. 四部丛刊三编古今注 [M]. 上海：上海书店.

傅雨贤，刘街生，2002. 现代汉语语法学 [M]. 广州：中山大学出版社.

何彪，涂长春，2013. 蝙蝠病毒研究进展 [C]. 中国畜牧兽医学会家畜传染病学分会第八届全国会员代表大会暨第十五次学术研讨会论文集.

何艳婷，2016. 论中西文化冲突下蝙蝠图形的现代设计创新与应用 [J]. 设计 (23):68–69.

环境保护部，中国科学院，2015. 中国生物多样性红色名录——脊椎动物卷 [R]. 公告 2015 年第 32 号.

焦成根，叶锡铮，2007. 从蝙蝠形象看中西文化精神 [J]. 美术大观 (9): 46.

李湘涛，2018. 蝙蝠与"福"文化 [J]. 科技智囊（279）：83–87.

李秀婷，谭钦允，陈枫，等，2015. 蝙蝠：大自然的活体病毒库 [N]. 南方日报.

刘祎纯，2013. 品味传统吉祥图案的韵味——中国蝙蝠纹 [J]. 商 (15): 352.

裴东瑛，2008. 从蝙蝠形纹饰初探中国传统吉祥文化的特征 [J]. 江苏丝绸 (2): 43–45.

钱钟书，1999. 管锥编 .[M]. 北京：中华书局.

沈纯理，2006. 玉蝙蝠 [N]. 中国文物报 ,06–21（7）.

舒敏，2017. 民族地区蝙蝠纹样的审美特征及文化内涵分析——以利川大水井古建筑为例 [J]. 重庆文理学院学报（社会科学版)(4)：66-72.

宋诗一，2015. 清朝蝠纹与福语的浅探和活化设计 [D]. 北京：中国美术学院.

唐占辉，盛连喜，曹敏，等，2005. 西双版纳地区犬蝠和棕果蝠食性的初步研究 [J]. 兽类学报（25）：367–372.

汪玉兰，2008. 葛洪《抱朴子》美学思想解读 [D]. 四川：四川师范大学.

肖嘉杰，王付民，2013. 蝙蝠携带的主要人兽共患性病毒及其防控对策 [J]. 林业与环境科学（28）：71–76.

张成菊, 吴毅, 2006. 洞穴型蝙蝠的栖息环境选择、生态作用及保护 [J]. 生物学通报 (41)：8–10.

张加其, 魏洁, 2016. 由传统蝙蝠纹符号引发的联想 [J]. 艺海 (1):104-107.

张建鑫, 2018. 蝙蝠图案的吉祥寓意 [J]. 明日风尚 (14)：350.

张礼标, 张伟, 张树义, 2007. 印度假吸血蝠捕食鼠耳蝠 [J]. 动物学研究（28）：104–105 .

张璐, 2010. 浅析汉英语言中"蝙蝠"的文化内涵 [J]. 西安社会科学 (4):103–104.

张媛, 2015. 传统蝙蝠图形在现代设计中的运用与探究 [D]. 重庆：重庆师范大学 .

张智艳, 2009. "蝙蝠纹"艺术符号创作思维中的"造字法"运用 [J]. 艺术与设计：理论版 (5):255–257.

赵梦瑶, 周小儒, 2017. 恭王府的福文化 [J]. 美与时代 (城市版) (12):116–117.

周航, 李昱, 陈瑞丰, 等, 2016. 狂犬病预防控制技术指南 (2016 版)[J]. 中华流行病学杂志（37）：139–163.

周蔚, 吴卫, 2011. 中国传统吉祥纹样蝙蝠纹初探 [J]. 艺海 (10):136–138.

朱城铁, 李延林, 2015. 英汉语中"蝙蝠"及其相关习语的文化内涵与翻译 [J]. 文史博览 (理论)（23）:108–112.

Aamodt C M, Farias-Virgens M, White S A, 2020. Birdsong as a window into language origins and evolutionary neuroscience[J]. Philosophical Transactions of the Royal Society B: Biological Sciences, 375: 2020–2020.

Abbott A, 2018. Neuroscientist Nachum Ulanovsky uses fruit bats and a long, dark tunnel to study how the brain navigates[J]. Nature, 559: 165–168.

Ahn M, Cui J, Irving A T, et al., 2016. Unique loss of the PYHIN gene family in bats amongst mammals: implications for inflammasome sensing[J]. Scientific Reports, 6: 21722.

Aizpurua O, Alberdi A, 2018. Ecology and evolutionary biology of fishing bats [J]. Mammal Review, 48: 284–297.

Aizpurua O, Budinski I, Georgiakakis P, et al., 2017. Agriculture shapes the trophic niche of a bat preying on multiple pest arthropods across Europe: evidence from DNA metabarcoding [J]. Molecular Ecology, 27: 815–825.

Altringham J D, 1997. Bats: Biology and behaviour. [J]. Journal of Mammalogy, 78: 986–987.

Altringham J D, 2011. Bats: From evolution to conservation[M]. Oxford:

Oxford University Press.

Altringham J D, Mcowat T, Hammond L, 1998. Bats: biology and behavior [M]. New York: Oxford: Oxford University Press .

Ancillotto L, Ariano A, Nardone V, et al., 2017. Effects of free-ranging cattle and landscape complexity on bat foraging: implications for bat conservation and livestock management[J]. Agriculture, Ecosystems & Environment, 241: 54–61.

Arnett E B, Baerwald E F, Mathews F, et al., 2016. Impacts of wind energy development on bats: a global perspective. In: Bats in the Anthropocene: conservation of bats in a changing world [M]. New York: Springer.

Arnold B D, Wilkinson G S, 2011. Individual specific contact calls of pallid bats (*Antrozous pallidus*) attract conspecifics at roosting sites[J]. Behavioral Ecology and Sociobiology, 65: 1581–1593.

Azam C, Viol I L, Bas Y, et al., 2018. Evidence for distance and illuminance thresholds in the effects of artificial lighting on bat activity[J]. Landscape & Urban Planning, 175: 123–135.

Barak Y, Yom-Tov Y, 1991. The mating system of *Pipistrellus kuhlii* (Microchiroptera) in Israel[J]. Mammalia, 55: 960–966.

Barber J R, Leavell B C, Keener A L, et al., 2015. Moth tails divert bat attack: evolution of acoustic deflection[J]. Proceedings of the National Academy of Sciences of United States, 112: 2812–2816.

Bartoniková L, Reiter A, and Bartonika T, 2016. Mating and courtship behaviour of two sibling bat species (*Pipistrellus pipistrellus, P. pygmaeus*) in the vicinity of a hibernaculum[J]. Acta Chiropterologica,18: 467–475.

Batista-da-Costa M, Bonito R F, Nishioka S A, 1993. An outbreak of vampire bat bite in a Brazilian village[J]. Tropical Medicine and Parasitology, 44: 219–220.

Baudinette R, Wells R, Sanderson K, et al., 1994. Microclimatic conditions in maternity caves of the bent-wing bat, *Miniopterus schreibersii*: an attempted restoration of a former maternity site [J]. Wildlife Research, 21: 607–619.

Bawa K S, 1990. Plant-pollinator interactions in tropical rain forests [J].

Annual Review of Ecology and Systematics, 21: 399–422.

Bayat S, Geiser F, Kristiansen P, et al., 2014. Organic contaminants in bats: trends and new issues [J]. Environment International, 63: 40–52.

Begeman L, Geurtsvankessel C, Finke S, et al., 2018. Comparative pathogenesis of rabies in bats and carnivores, and implications for spillover to humans[J]. Lancet Infectious Diseases, 18: e147–e159.

Behr O, von Helversen O, 2004. Bat serenades—complex courtship songs of the sac-winged bat (*Saccopteryx bilineata*)[J]. Behavioral Ecology and Sociobiology, 56: 106–115.

Beltz L A, 2017. Bats and human health: Ebola, SARS, Rabies and beyond[M]. New York: John Wiley & Sons.

Bergou A J, Swartz S M, Vejdani H, et al., 2015. Falling with style: Bats perform complex aerial rotations by adjusting wing inertia[J]. PLoS Biology, 13: e1002297.

Berthinussen A, Altringham J, 2012. Do bat gantries and underpasses help bats cross roads safely [J]. PloS One, 7: e38775.

Betts B J, 1997. Microclimate in Hell's canyon mines used by maternity colonies of *Myotis yumanensis* [J]. Journal of Mammalogy, 78: 1240–1250.

Bhat H R, Kunz T H, 2009. Altered flower/fruit clusters of the kitul palm used as roosts by the short-nosed fruit bat, *Cynopterus sphinx* (Chiroptera: Pteropodidae) [J]. Proceedings of the Zoological Society of London, 235: 597–604.

Bideguren G M, 2019. Bat boxes and climate change: testing the risk of over-heating in the Mediterranean region[J]. Biodiversity and Conservation, 28: 21–35.

Bohmann K, Gopalakrishnan S, Nielsen M, et al., 2018. Using DNA metabarcoding for simultaneous inference of common vampire bat diet and population structure [J]. Molecular Ecology Resources, 18: 1050–1063.

Bohn K M, Schmidt-French B, Ma S T, et al., 2008. Syllable acoustics, temporal patterns, and call composition vary with behavioral context in Mexican free-tailed bats[J]. Journal of the Acoustical Society of America,124: 1838–1848.

Bohn K M, Smarsh G C, Smotherman M, 2013. Social context evokes rapid changes in bat song syntax[J]. Animmal Behaviour, 85: 1485–1491.

Boldogh S, Dobrosi D, Samu P, 2007. The effects of the illumination of buildings on house-dwelling bats and its conservation consequences [J]. Acta Chiropterologica, 9: 527–534.

Bordignon M O, 2006. Diet of the fishing bat *Noctilio leporinus* (Linnaeus) (Mammalia, Chiroptera) in a mangrove area of southern Brazil [J]. Revista Brasileira de Zoologia, 23: 256–260.

Boughman J W, Wilkinson G S, 1998. Greater spear-nosed bats discriminate group mates by vocalizations[J]. Animal Behaviour, 55: 1717–1732.

Boyles J G, Cryan P M, Mccracken G F, et al., 2011. Economic importance of bats in agriculture[J]. Science, 332: 41–42.

Bradbury J W, 1977. Lek mating behavior in the hammer-headed bat [J]. Zeitschrift für Tierpsychologie, 45: 225–255.

Bradbury J W, 1977. Social organization and communication [M]. Biology of bats (eds Wimsan W A). New York: Academic Press.

Bradbury J W, Emmons, L H, 1974. Social organization of some Trinidad bats: I. Emballonuridae[J]. Zeitschrift für Tierpsychologie, 36: 137–183.

Bradbury J W, Vehrencamp S, 1977. Social organization and foraging in emballonurid bats [J]. Behavioral Ecology and Sociobiology, 2: 1–17.

Bradbury J W, Vehrencamp S, 2012. Principles of animal communication[M]. Sunderland: Sinauer Associates.

Brook C E, Boots M, Chandran K, et al., 2020. Accelerated viral dynamics in bat cell lines, with implications for zoonotic emergence[J]. eLife, 9: e48401.

Brooke A, 1994. Diet of the fishing bat, *Noctilio leporinus* (Chiroptera: Noctilionidae) [J]. Journal of Mammalogy, 75: 212–218.

Brooke A, 1997. Social organization and foraging behaviour of the fishing bat, *Noctilio leporinus* (Chiroptera: Noctilionidae) [J]. Ethology, 103: 421–436.

Brosset A, 1976. Social organization in the African bat, *Myotis boccagei* [J]. Zeitschrift für Tierpsychologie, 42: 50–56.

Cao C G, Bulmer G, Li J, et al., 2010. Indigenous case of disseminated histoplasmosis from the *Penicillium marneffei* endemic area of China[J]. Mycopathologia, 170: 47–50.

Captivity O I, 1984. Observations on the feeding habits of the greater broad-nosed bat, *Nycticeius rueppellii* (Chiroptera: Vespertilionidae) [J]. Australian Mammal Society, 7: 121–129.

Carter G, Leffer L, 2015. Social grooming in bats: are vampire bats exceptional?[J]. PLoS One, 10: e0138430.

Carter, G G, Logsdon R, Arnold B D, et al., 2012. Adult vampire bats produce contact calls when isolated: acoustic variation by species, population, colony, and individual[J]. PLoS One, 7: e38791.

Carter G G, Wilkinson G S, 2013. Food sharing in vampire bats: reciprocal help predicts donations more than relatedness or harassment [J]. Proceedings of the Royal Society B: Biological Science, 280: 20122573.

Ccm K, Kuester T, Sánchez d M A, et al., 2017. Artificially lit surface of earth at night increasing in radiance and extent [J]. Science Advances, 3: e1701528.

Chang Y, Song S J, Li A Q, et al., 2019. The roles of morphological traits, resource variation and resource partitioning associated with the dietary niche expansion in the fish-eating bat *Myotis pilosus*[J]. Molecular Ecology, 28: 2944–2954.

Calisher C H, Childs J E, Field H E, et al., 2006. Bats: Important reservoir hosts of emerging viruses[J]. American Society for Microbiology, 19: 531–545.

Chaverri G, 2010. Comparative social network analysis in a leaf-roosting bat[J]. Behavioral Ecology and Sociobiology, 64: 1619–1630.

Chaverri G, Ancillotto L, Russo D, 2018. Social communication in bats[J]. Biological Reviews, 93: 1938–1954.

Chen L, Liu B, Yang J, et al., 2014. DBatVir: the database of bat-associated viruses[J]. Database, 2014: bao021.

Clark D R, 1988. How sensitive are bats to insecticides?[J]. Wildlife Society Bulletin, 16: 399–403.

Cleveland C J, Betke M, Federico P, et al., 2006. Economic value of the pest control service provided by brazilian free-tailed bats in south-central texas[J]. Frontiers in Ecology and the Environment, 4: 238–243.

Clutton-Brock T, Albon S, Guinness F, 1989. Fitness costs of gestation and lactation in wild mammals[J]. Nature, 337: 260–262.

Conner W E, Corcoran A J, 2011. Sound strategies: the 65-million-year-old battle between bats and insects[J]. Annual Review of Entomology, 57: 21–39.

Constantine D G, Emmons R W, Woodie J D, 1972. Rabies virus in nasal mucosa of naturally infected bats[J]. Science, 175: 1255–1256.

Crichton E G, Krutzsch P H, 2000. Reproductive biology of bats[M]. Cambridge: Academic Press.

Cristian M, Atala C, Grossi B, et al., 2009. Relative size of hearts and lungs of small bats [J]. Acta Chiropterologica, 7: 65–72.

Cryan P, Barclay R, 2009. Causes of bat fatalities at wind turbines: hypotheses and predictions [J]. Journal of Mammalogy, 90: 1330–1340.

Dalquest W W, 1955. Natural history of the vampire bats of eastern Mexico[J]. American Midland Naturalist, 53: 79–87.

Daniel M, Pierson E, 1987. A lek mating system in New Zealand' s short-tailed bat *Mystacina tuberculata*[J]. Bat Research News, 28: 33.

Dapson R W, Studier E H, Buckingham M J, et al.,1977. Histochemistry of odoriferous secretions from integumentary glands in three species of bats[J]. Journal of Mammalogy, 58: 531–535.

Davies T W, Smyth T, 2018. Why artificial light at night should be a focus for global change research in the 21st century [J]. Global Change Biology, 24: 872–882.

Davis J S, Nicolay C W, Williams S H, 2010. A comparative study of incisor procumbency and mandibular morphology in vampire bats [J]. Journal of Morphology, 271: 853–862.

Davis R B, Herreid C F, Short H L,1962. Mexican free‐tailed bats in Texas[J]. Ecological Monographs, 32: 311–346.

Dechmann D K N, Safi K, 2005. Studying communication in bats[J]. Brain, 9:

479–496.

Derrara F J, Leberg P L, 2005. Characteristics of positions selected by day-roosting bats under bridges in Louisiana [J]. Journal of Mammalogy, 86: 729–735.

Dumont E R, 2003. Bats and fruit: an ecomorphological approach. In: Kunz T H, Fenton M B (eds). Bat ecology [M]. London: University Chicago Press.

Dwyer P, 1970. Social organization in the bat *Myotis adversus*[J]. Science, 168: 1006–1008.

Farneda F Z, Rocha R, López-Baucells A, et al., 2015. Trait-related responses to habitat fragmentation in Amazonian bats [J]. Journal of Applied Ecology, 52: 1381–1391.

Federico P, Hallam T G, Mccracken GF, et al., 2008. Brazilian free-tailed bats as insect pest regulators in transgenic and conventional cotton crops[J]. Ecological Applications, 18: 826–837.

Feng A S, Simmons J A, Kick S A, 1978. Echo detection and target ranging neurons in the auditory system of the bat *Eptesicus fuscus*[J]. Science, 202: 645–648.

Fenolio D B, Graening G O, Collier B A, et al., 2006. Coprophagy in a cave-adapted salamander; the importance of bat guano examined through nutritional and stable isotope analyses[J]. Proceedings of the Royal Society B: Biological Science, 273: 439–443.

Fensome A G, Mathews F, 2016. Roads and bats: a meta-analysis and review of the evidence on vehicle collisions and barrier effects [J]. Mammal Review, 46: 311–323.

Fenton M B, 1984. Sperm competition? The case of vespertilionid and rhonolophid bats. In: Sperm competition and the evolution of animal mating systems [M]. Orlando: Academic Press.

Fenton M B, 2003. Eavesdropping on the echolocation and social calls of bats[J]. Mammal Review, 33: 193–204.

Fenton M B, Cumming D H M, Rautenbach I L, et al., 1998. Bats and the loss of tree canopy in African woodlands [J]. Conservation Biology, 12: 399–407.

Fenton M B, Grinnell A D, Popper A N, et al., 2016. Bat bioacoustics [M]. New

York: Springer.

Fenton M B, Simmons N B, 2014. Bats: A world of science and mystery [M]. Chicago: The University of Chicago Press.

Fernandez A Z, Tablante A, Beguin S, et al., 1999. Draculin, the anticoagulant factor in vampire bat saliva, is a tight-binding, noncompetitive inhibitor of activated factor X[J]. Biochimica et Biophysica Acta (BBA)-Protein Structure and Molecular Enzymology, 1434: 135–142.

Findley J S, Wilson D E, 1974. Observations on the neotropical disk-winged bat, Thyroptera tricolor Spix [J]. Journal of Mammalogy, 55: 562–571.

Fishbein A R, Fritz J B, Idsardi W J, et al., 2020. What can animal communication teach us about human language? [J] Philosophical Transactions of the Royal Society B: Biological Sciences, 375: 20190042.

Foley G J, Mcleod T G, Yeo K Z, et al., 2015. Bat evolution, ecology, and conservation[J]. Journal of Mammalogy, 96: 256–258.

Francis C D, Barber J R, 2013. A framework for understanding noise impacts on wildlife: an urgent conservation priority [J]. Frontiers in Ecology and the Environment, 11: 305–313.

Freeberg T M, Dunbar R I M, Ord T J, 2012. Social complexity as a proximate and ultimate factor in communicative complexity[J]. Philosophical Transactions of The Royal Society B Biological Sciences, 367: 1785–1801.

Freeman P W, 1995. Nectarivorous feeding mechanisms in bats[J]. Biological Journal of the Linnean Society, 56: 439–463.

Frick W F, et al., 2020. A review of the major threats and challenges to global bat conservation[J]. Annals of the New York Academy of Sciences,1469: 5-25.

Fujita M S, Tuttle M D, 1991. Flying foxes (Chiroptera: Pteropodidae): Threatened animals of key ecological and economic importance[J]. Conservation Biology, 5: 455–463.

Fukui D, Dewa H, Katsuta S, et al., 2013. Bird predation by the birdlike noctule in Japan [J]. Journal of Mammalogy, 94: 657–661.

Gaisler J, 1979. Ecology of bats. In: Ecology of small mammals [M]. London: Chapman& Hall.

Galindo-Gonza'lez J, Guevara S, Sosa V J, 2000. Bat- and bird-generated seed rains at isolated trees in pastures in a tropical rainforest [J]. Conservation Biology, 14: 1693–1703.

Galv´an I, Garrido-Fern´andez J, Ríos J, et al., 2016. Tropical bat as mammalian model for skin carotenoid metabolism[J]. Proceedings of the National Academy of Sciences of the United States of America, 113: 10932–10937.

Garbino G S T, Tavares V D, 2018. Roosting ecology of Stenodermatinae bats (Phyllostomidae): evolution of foliage roosting and correlated phenotypes [J]. Mammal Review, 48: 75–89.

Ge X Y, Li J L, Chmura A A, et al., 2013. Isolation and characterization of a bat SARS-like coronavirus that uses the ACE2 receptor[J]. Nature, 503: 535–538.

Geva-Sagiv M, Las L, Yovel Y, et al., 2015. Spatial cognition in bats and rats: from sensory acquisition to multiscale maps and navigation[J]. Nature Reviews Neuroscience, 16: 94–108.

Gillam E H, Fenton M B, 2016. Role of acoustic social communication in the lives of bats. In: Fenton M B, Grinnell A (eds). Bat Bioacoustics[M]. New York: Springer.

Goerlitz H R, ter Hofstede H M, Zeale M R, et al., 2010. An aerial-hawking bat uses stealth echolocation to counter moth hearing[J]. Current Biology, 20:1568–1572.

Greenhall A M, Schutt W A, 1996. *Diaemus youngi*[J]. Mammalian Species, 533:1–7.

Greif S, Borissov I, Yovel Y et al., 2014. A functional role of the sky's polarization pattern for orientation in the greater mouse-eared bat[J]. Nature Communications, 5: 4488.

Griffiths T A, Criley B B, 1989. Comparative lingual anatomy of the bats *Desmodus rotundus* and *Lonchophylla robusta* (Chiroptera: Phyllostomidae) [J]. Journal of Mammalogy, 70: 608–613.

Grothe B, Park T J, 1998. Sensitivity to interaural time differences in the medial superior olive of a small mammal, the Mexican free-tailed bat[J].

Journal of Neuroscience, 18: 6608–6622.

Grothe B, Pecka M, McAlpine D, 2010. Mechanisms of sound localization in mammals[J]. Physiological Reviews, 90: 983–1012.

Groves M S, Kim H D, Walsh W R, 1996. Mechanical properties of bat wing membrane skin[J]. Journal of Zoology, 239: 357–378.

Guan Z, Yu Y, 2014. Aerodynamic mechanism of forces generated by twisting model-wing in bat flapping flight[J]. Applied Mathematics and Mechanics, 35:1607–1618.

Guan Z, Yu Y, 2015. Aerodynamics and mechanisms of elementary morphing models for flapping wing in forward flight of bat[J]. Applied Mathematics and Mechanics, 36: 669–680.

Habersetzer J, Richter G, Storch G, 1994. Paleoecology of early middle Eocene bats from Messel, FRG. aspects of flight, feeding and echolocation[J]. Historical Biology, 8: 235–260.

Haddad N M, Brudvig L A, Clobert J, et al., 2015. Habitat fragmentation and its lasting impact on Earth' s ecosystems[J]. Science Advances, 1: e1500052.

Hafting T, Fyhn M, Molden S, et al., 2005. Microstructure of a spatial map in the entorhinal cortex[J]. Nature, 436: 801–806.

Hage S R, Jiang T L, Berquist SW, et al. ,2013. Ambient noise induces independent shifts in call frequency and amplitude within the Lombard effect in echolocating bats [J]. Proceedings of the National Academy of Sciences of United States, 110: 4063–4068.

Han B A, Kramer A M, Drake J M, 2016. Global patterns of zoonotic disease in mammals[J]. Trends in parasitology, 32: 565–577.

Han H J, Wen H l, Zhou C M, et al., 2015. Bats as reservoirs of severe emerging infectious diseases[J]. Virus research, 205: 1–6.

Handley Jr C O, Wilson D E, Gardner A L, 1991. Demography and natural history of the common fruit bat, *Artibeus jamaicensis*, on Barro Colorado Island, Panama[R]. Smithsonian contributions to zoology.

Hauser M D, Chomsky N, Fitch W T, 2002. The faculty of language: what is it, who has it, and how did it evolve[J].Science, 298: 1569–1579.

Hawkey C, 1966. Plasminogen activator in saliva of the vampire bat

Desmodus rotundus [J]. Nature, 211: 434–435.

Heckel G, Helversen O V, 2003. Genetic mating system and the significance of harem association in the bat *Saccopteryx bilineata*[J]. Molecular Ecology, 12: 219–227.

Hedenstr M A, Johansson L C, 2015. Bat flight[J]. Current Biology, 25: R399–R402.

Heideman P, Erickson K, Bowles J, 1990. Notes on the breeding biology, gular gland and roost habits of *Molossus sinaloae* (Chiroptera, Molossidae)[J]. Zeitschrift für Säugetierkunde, 55: 303–307.

Hein C D, Schirmacher M R, 2016. Impact of wind energy on bats: a summary of our current knowledge[J]. Human–Wildlife Interactions, 10: 19–27.

Helversen O V, Winter Y, 2003. Glossophagine bats and their flowers: costs and benefits for plants and pollinators. In: Kunz T H, Fenton M B (eds). Bat ecology[M]. London: University Chicago Press.

Hendricks P, Carlson J, Currier C, 2003. Fatal entanglement of western long-eared myotis in burdock [J]. Northwestern Naturalist, 84: 44–45.

Hengjan Y, Pramono D, Takemae H, et al., 2017. Daytime behavior of *Pteropus vampyrus* in a natural habitat: The driver of viral transmission[J]. Journal of Veterinary Medical Science, 79: 1125–1133.

Hodgkison R, Balding S T, Zubaid A, et al., 2003. Fruit bats (Chiroptera: Pteropodidae) as seed dispersers and pollinators in a lowland Malaysian rain forest [J]. Biotropica, 35: 491–502.

Holderied M, Korine C, Moritz T, 2011. Hemprich' s long-eared bat (*Otonycteris hemprichii*) as a predator of scorpions: whispering echolocation, passive gleaning and prey selection [J]. Journal of Comparative Physiology A, 197: 425–433.

Holland R A, Thorup K, Vonhof M J, et al., 2006. Bat orientation using Earth's magnetic field[J]. Nature, 444: 653.

Horáek I, Gaisler J, 1986. The mating system of *Myotis blythi*[J]. Myotis, 23: 125–130.

Hosken D, 1997. Sperm competition in bats[J]. Proceedings of the Royal

Society of London Series B: Biological Sciences,264: 385–392.

Hu B, Zeng L P, Yang X L, et al., 2017. Discovery of a rich gene pool of bat SARS-related coronaviruses provides new insights into the origin of SARS coronavirus[J]. PLoS Pathogens, 13: e1006698.

Huang Z, Jebb D, Teeling E C, 2016. Blood miRNomes and transcriptomes reveal novel longevity mechanisms in the long-lived bat, *Myotis myotis* [J]. BMC Genomics, 17: 906.

Humphrey S R, Richter A R, Cope J B, 1977. Summer habitat and ecology of the endangered Indiana bat, *Myotis sodalis* [J]. Journal of Mammalogy, 58: 334–346.

Ibáñez C, 1997. Winter reproduction in the greater mouse-eared bat (*Myotis myotis*) in South Iberia [J]. Journal of Zoology, 243: 836–840.

Ibáñez C, Juste J, García-Mudarra J L, et al., 2001. Bat predation on nocturnally migrating birds [J]. Proceedings of the National Academy of Sciences of United States, 98: 9700–9702.

Ibáñez C, Popa-Lisseanu A G, Pastor-Beviá D, et al., 2016. Concealed by darkness: interactions between predatory bats and nocturnally migrating songbirds illuminated by DNA sequencing [J]. Molecular Ecology, 25: 5254–5263.

Ito F, Bernard E, Torres R, 2016. What is for dinner? First report of human bood in the diet of the hairy-legged vampire bat *Diphylla ecaudata* [J]. Acta Chiropterologica, 18: 509–515.

Jefferies D J, 1972. Organochlorine insecticide residues in British bats and their significance [J]. Journal of Zoology, 166: 245–263.

Jin L, Yang S, Kimball R T, et al., 2015. Do pups recognize maternal calls in pomona leaf-nosed bats, *Hipposideros pomona* ?[J] Animal Behaviour, 100: 200–207.

Johan E, Jens R, 2018. Bats: In a world of echoes [M]. Berlin: Springer International Publishing.

John D A, 2011. Bats: From evolution to conservation [M]. 8th ed. New York: Oxford University Press.

Jones G, 1990. Prey selection by the greater horseshoe bat (*Rhinolophus ferrumequinum*): optimal foraging by echolocation? [J]. Journal of Animal Ecology, 59: 587–602.

Jones G, Rydell J, 2003. Attack and defense: interactions between echolocating bats and their insect prey. In: Kunz T H, Fenton M B (eds). Bat Ecology [M]. Chicago: University of Chicago Press.

Jones G, Teeling E, Rossiter S, 2013. From the ultrasonic to the infrared: molecular evolution and the sensory biology of bats [J]. Frontiers in Physiology, 4:117.

Josh G, 2012. From Bats to Radar [M]. Ann Arbor: Cherry Lake Publishing.

Kakumanu R, Hodgson W C, Ravi R, et al., 2019. Vampire venom: vasodilatory mechanisms of vampire bat (*Desmodus rotundus*) blood feeding [J]. Toxins, 11: 26.

Kamins A O, Restif O, Ntiamoa-Baidu Y, et al., 2011. Uncovering the fruit bat bushmeat commodity chain and the true extent of fruit bat hunting in Ghana, West Africa [J]. Biological Conservation, 144: 3000–3008.

Kazial K A, Kenny T L, Burnett S C, 2008. Little brown bats (*Myotis lucifugus*) recognize individual identity of conspecifics using sonar calls[J]. Ethology, 114: 469–478.

Kerth G, Almasi B, Ribi N, et al., 2003. Social interactions among wild female Bechstein's bats (*Myotis bechsteinii*) living in a maternity colony[J]. Acta Ethologica, 5: 107–114.

Kleiman D G, 1977. Monogamy in mammals[J]. The Quarterly Review of Biology, 52: 39–69.

Klimpel S, Mehlhorn H, 2016. Bats (Chiroptera) as vectors of diseases and parasites[M]. Heidelberg: Springer.

Knörnschild M, Eckenweber M, Fernandez A A, et al., 2016. Sexually selected vocalizations of neotropical bats. In: Sociality in bats[M]. Switzerland: Springer.

Koh J, Itahana Y, Mendenhall I H, et al., 2019. ABCB1 protects bat cells from DNA damage induced by genotoxic compounds[J]. Nature,10: 2820.

Kulzer E, 1967. Die Herztätigkeit bei lethargischen und winterschlafenden Fledermäusen [J]. Zeitschrift für vergleichende Physiologie, 56: 63–94.

Kunz T H, 1982. Roosting ecology. In: Ecology of bats [M]. New York: Plenum press.

Kunz, T H, 2013. Ecology of bats[M]. New York:Springer.

Kunz T H, Fenton MB, 2005. Bat ecology[M]. Chicago: University of Chicago Press.

Kunz T H, Arnett E B, Erickson W P, et al., 2007. Ecological impacts of wind energy development on bats: questions, research needs, and hypotheses [J]. Frontiers in Ecology and the Environment, 5: 315–324.

Kunz T H, Braun de Torrez E, Bauer D, et al., 2011. Ecosystem services provided by bats [J]. Annals of the New York Academy of Sciences, 1223: 1–38.

Kunz T H, Fujita M S, Brooke A P, et al., 1994. Convergence in tent architecture and tent-making behavior among Neotropical and Paleotropical bats [J]. Journal of Mammalian Evolution, 2: 57–78.

Kunz T H, Lumsden L F, Fenton M, 2003. Ecology of cavity and foliage roosting bats. In: Kunz T H, Fenton M B (eds). Bat ecology [M]. London: University Chicago Press.

Kunz T H, Stern A A, 1995. Maternal investment and post-natal growth in bats[J]. Symp. Zool. Soc. Lond, 67: 123–138.

Kunz T H, Whitaker J O, Wadanoli M D, 1995. Dietary energetics of the insectivorous Mexican free-tailed bat (*Tadarida brasiliensis*) during pregnancy and lactation [J]. Oecologia, 101: 407–415.

Lagunas-Rangel F A, 2020. Why do bats live so long?—Possible molecular mechanisms [J]. Biogerontology, 21: 1–11.

Lam T T Y, Shum M H H, Zhu H C, et al., 2020. Identification of 2019-nCoV related coronaviruses in Malayan pangolins in southern China [J]. bioRxiv, 2020.02.13.945485

Lane D J W, Kingston T, Lee B P Y H, 2006. Dramatic decline in bat species richness in Singapore, with implications for Southeast Asia [J]. Biological Conservation, 131: 584–593.

Langley L, Bats and sloths don't get dizzy hanging upside down—Here's why[R]. https://www.nationalgeographic.com/news/2015/08/150829-

animals-science-sloths-bats-health-biology/.

Laval R K, 2004. Impact of global warming and locally changing climate on tropical cloud forest bats [J]. Journal of Mammalogy, 85: 237–244.

Lawrence B D, Simmons J A, 1982. Echolocation in bats: The external ear and perception of the vertical positions of targets [J]. Science, 218: 481–483.

Lee Y F, McCracken G F, 2005. Dietary variation of Brazilian free-tailed bats links to migratory populations of pest insects[J]. Journal of Mammalogy, 86: 67–76.

Leopardi S, Blake D, Puechmaille S J, 2015. White-nose syndrome fungus introduced from Europe to North America [J]. Current Biology, 25: 217–219.

Levin E, Barnea A, Yovel Y, et al., 2006. Have introduced fish initiated piscivory among the long-fingered bat [J]? Mammalian Biology, 71: 139–143.

Lewis S, 1992. Polygynous groups of bats: should they be called harems[J]. Bat Research News, 33: 3–5.

Li W, Moorel M J, Vasilieva N, et al., 2003. Angiotensin-converting enzyme 2 is a functional receptor for the SARS coronavirus[J]. Nature, 426: 450–454.

Li W, Shi Z, Yu M, et al., 2005. Bats are natural reservoirs of SARS-like coronaviruses[J]. Science, 310: 676–679.

Li Y, Wang J, Metzner W, et al., 2014. Behavioral responses to echolocation calls from sympatric heterospecific bats: implications for interspecific competition [J]. Behavioral Ecology and Sociobiology, 68: 657–667.

Longcore T, Rich C, 2004. Ecological light pollution [J]. Frontiers in Ecology and the Environment, 2: 191–198.

Luis A D, Hayman D T, Oshea T J, et al., 2013. A comparison of bats and rodents as reservoirs of zoonotic viruses: are bats special[J]? Proceedings of the Royal Society of London Series B: Biological Sciences, 280: 20122753.

Lundberg K, Gerell R, 1986. Territorial advertisement and mate attraction in the bat *Pipistrellus pipistrellus*[J]. Ethology, 71: 115–124.

Lundy M, Montgomery I, Russ J, 2010. Climate change-linked range expansion of Nathusius' pipistrelle bat, *Pipistrellus nathusii* (Keyserling & Blasius, 1839) [J]. Journal of Biogeography, 37: 2232–2242.

Luo B, Huang X B, Li Y Y, et al., 2017. Social call divergence in bats: a comparative analysis [J]. Behavioral Ecology, 28: 533–540.

Luo B, Leiser-Miller L, Santana S E, et al., 2019. Echolocation call divergence in bats: a comparative analysis [J]. Behavioral Ecology and Sociobiology, 73: 154.

Luo B, Lu G J, Chen K, et al., 2017. Social calls honestly signal female competitive ability in Asian particoloured bats [J]. Animal Behaviour, 127: 101–108.

Luo B, Santana S E, Pang Y L, et al., 2019. Wing morphology predicts geographic range size in vespertilionid bats [J]. Scientific Reports, 9: 4526.

Luo J H, Goerlitz H R, Brumm H, et al., 2016. Linking the sender to the receiver: vocal adjustments by bats to maintain signal detection in noise [J]. Scientific Reports, 5: 18556.

Luo J H, Jiang T L, Lu G J, et al., 2013. Bat conservation in China: should protection of subterranean habitats be a priority[J]. Oryx, 47: 526–531.

Luo J, Macias S, Ness T V, et al., 2018. Neural timing of stimulus events with microsecond precision[J]. PLoS Biology,16: e2006422.

Luo J H, Siemers B M, Koselj K, 2015. How anthropogenic noise affects foraging [J]. Global Change Biology, 21: 3278–3289.

Ma J, Jones G, Zhang S Y, et al., 2003. Dietary analysis confirms that Rickett's big-footed bat (*Myotis ricketti*) is a piscivore [J]. Journal of Zoology, 261: 245–248.

Maina J N, 2000. What it takes to fly: The structural and functional respiratory refinements in birds and bats [J]. Journal of experimental biology, 203: 3045–3064.

Maine J J, Boyles J G, 2015. Bats initiate vital agroecological interactions in corn[J]. Proceedings of the National Academy of Sciences, 112: 12438–12443.

Masters W M, Moffat A J M, Simmons J A, 1985. Sonar tracking of horizontally moving targets by the big brown bat *Eptesicus fuscus*[J].

Science, 228: 1331–1333.

McCracken G F, 1984. Social dispersion and genetic variation in two species of emballonurid bats[J]. Zeitschrift für Tierpsychologie, 66: 55–69.

McCracken G F, Bradbury J W, 1977. Paternity and genetic heterogeneity in the polygynous bat, Phyllostomus hastatus[J]. Science, 198: 303–306.

McCracken G F, Bradbury J W, 1981. Social organization in the polygynous bat *Phyllostomus hastatus* [J]. Behavioral Ecology & Sociobiology, 8: 11–34.

McCracken G F, Gillam E H, Westbrook J K, et al., 2008. Brazilian free-tailed bats (*Tadarida brasiliensis : Molossidae, Chiroptera*) at high altitude: links to migratory insect populations[J]. Integrative and Comparative Biology, 48: 107–118.

Mcguire L P, Fenton M B, 2010. Hitting the wall: light affects the obstacle avoidance ability of free-flying little brown bats (*Myotis lucifugus*) [J]. Acta Chiropterologica, 12: 247–250.

McWilliam A N, 1988. Social organisation of the bat Tadarida (Chaerephon) pumila (Chiroptera: Molossidae) in Ghana, West Africa[J]. Ethology, 77: 115–124.

McWilliams L A, 2005. Variation in diet of the Mexican free-tailed bat (*Tadarida brasiliensis mexicana*) [J]. Journal of Mammalogy, 86: 599–605.

Medhaug I, Stolpe M B, Fischer E M, et al., 2017. Reconciling controversies about the 'global warming hiatus' [J]. Nature, 545: 41–47.

Mickleburgh S, Waylen K, Racey P, 2009. Bats as bushmeat: a global review [J]. Oryx, 43: 217–234.

Mildenstein T, Tanshi I, Racey P A, 2016. Exploitation of bats for bushmeat and medicine. In: Bats in the Anthropocene: conservation of bats in a changing world [M]. New York: Springer.

Miller M R, McMinn R J, Misra V, et al., 2016. Broad and temperature independent replication potential of filoviruses on cells derived from old and new world bat species[J]. Journal of Infectious Diseases, 214: S297–S302.

Knornschild M, Jung K, Nagy M, et al., 2012. Bat echolocation calls facilitate social communication[J]. Proceedings of the Royal Society B: Biological

Sciences, 279: 4827–4835.

Mitchell-Jones A J, McLeish A P, 2004. Bat workers' manual[M]. 3th ed. UK: Joint Nature Conservation Committee.

Montero B K, Gillam E H, 2015. Behavioural strategies associated with using an ephemeral roosting resource in Spix's disc-winged bat[J]. Animal Behaviour, 108: 81–89.

Morell V, 2014. When the bat sings[J]. Science, 344: 1334–1337.

Munoz-Romo M, Burgos J F, Kunz T H, 2011. The dorsal patch of males of the Curacaoan long-nosed bat, *Leptonycteris curasoae* (Phyllostomidae: Glossophaginae) as a visual signal[J]. Acta Chiropterologica, 13: 207–215.

Muscarella R, Fleming T H, 2007. The role of frugivorous bats in tropical forest succession[J]. Biological Reviews, 82: 573–590.

Muylaert R L, 2016. Threshold effect of habitat loss on bat richness in cerrado‐forest landscapes[J]. Ecological Applications, 26: 1854–1867.

Muylaert R L, Stevens R D, Ribeiro M C, 2016. Threshold effect of habitat loss on bat richness in cerrado‐forest landscapes [J]. Ecological Applications, 26: 1854–1867.

Neuweiler G, 1969. Verhaltensbeobachtungen an einer indischen Flughundkolonie (Pteropus g. giganteus Brünn)[J]. Ethology, 26:166–199.

Neuweiler G, 2000. The biology of bats[M]. England: Oxford University Press.

Newman S H, Field H, Epstein J, et al., 2011. Investigating the role of bats in emerging zoonoses: balancing ecology, conservation and public health interest[M]. Rome: Food and Agriculture Organisation of the United Nations.

Nieder A, Mooney R, 2020. The neurobiology of innate, volitional and learned vocalizations in mammals and birds[J]. Philosophical Transactions of the Royal Society B: Biological Sciences, 375: 20190054.

Norberg U M, Fenton M B, 1988. Carnivorous bats[J]. Biological Journal of the Linnean Society, 33: 383–394.

Norberg U M, Rayner J M V, 1987. Ecological morphology and flight in bats (Mammalia; Chiroptera): wing adaptations, flight performance, foraging strategy and echolocation [J]. Philosophical Transactions of the Royal

Society B: Biological Sciences, 316: 337–419.

O'Donnell C F, 2001. Advances in New Zealand mammalogy 1990–2000: long-tailed bat [J]. Journal of the Royal Society of New Zealand, 31: 43–57.

Oerke E C, 2006. Crop losses to pests[J]. Journal of Agricultural Science, 144: 31–43.

Ohlendorf H M, 1972. Observations on a Colony of Eumops perotis (Molossidae) [J]. Southwestern Naturalist, 17: 297–300.

O'Keefe J, 1976. Place units in the hippocampus of the freely moving rat[J]. Experimental Neurology, 51: 78–109.

Ortega J, 2016. Sociality in bats[M].New York: Springer.

O'Shea T J, 1980. Roosting, social organization and the annual cycle in a Kenya population of the bat *Pipistrellus nanus*[J]. Zeitschrift für Tierpsychologie, 53: 171–195.

Otálora-Ardila A, Herrera M L G, Flores-Martínez J J, et al., 2013. Marine and terrestrial food sources in the diet of the fish-eating myotis (*Myotis vivesi*) [J]. Journal of Mammalogy, 94: 1102–1110.

Park K J, Jones G, Ransome R D, 2000. Torpor, arousal and activity of hibernating greater horseshoe bats (*Rhinolophus ferrumequinum*) [J]. Functional Ecology, 14: 580–588.

Pejchar L, Mooney H A, 2009. Invasive species, ecosystem services and human well-being [J]. Trends in Ecology & Evolution, 24: 497–504.

Petri B, Pääbo S, Von Haeseler A, et al., 1997. Paternity assessment and population subdivision in a natural population of the larger mouse‐eared bat *Myotis myotis*[J]. Molecular Ecology, 6: 235–242.

Pfalzer G, Kusch J, 2003. Structure and variability of bat social calls: implications for specificity and individual recognition[J]. Journal of Zoology, 261: 21–33.

Prakash I, 1959. Foods of the Indian false vampire [J]. Journal of Mammalogy, 40: 545–547.

Prat Y, Azoulay L, Dor R, et al., 2017. Crowd vocal learning induces vocal dialects in bats: Playback of conspecifics shapes fundamental frequency usage by pups[J]. PLoS biology, 15: e2002556.

Racey P, 1982. Ecology of bat reproduction. In: Ecology of bats[M]. New York: Springer.

Ransome R D, Mcowat T P, 2008. Birth timing and population changes in greater horseshoe bat colonies (*Rhinolophus ferrumequinum*) are synchronized by climatic temperature [J]. Zoological Journal of the Linnean Society, 112: 337–351.

Rasweiler J J, 1992. Reproductive biology of the female black mastiff bat, *Molossus ater*. In: Reproductive biology of South American vertebrates[M]. New York: Springer.

Reiter G, Pölzer E, Mixanig H, et al., 2013. Impact of landscape fragmentation on a specialised woodland bat, *Rhinolophus hipposideros* [J]. Mammalian Biology, 78: 283–289.

Reusken C B E M, Raj V S, Koopmans M P, et al., 2016. Cross host transmission in the emergence of MERS coronavirus[J]. Current Opinion in Virology, 16: 55–62.

Riskin D K, Hermanson J W, 2005. Independent evolution of running in vampire bats [J]. Nature, 434: 292–292.

Rodríguez-Durán A, Pérez J, Montalbán M A, et al., 2010. Predation by free-roaming cats on an insular population of bats [J]. Acta Chiropterologica, 12: 359–362.

Rodríguez-Durán A, Vazquez R, 2001. The bat Artibeus jamaicensis in Puerto Rico (West Indies): seasonality of diet, activity, and effect of a hurricane [J]. Acta Chiropterologica, 3: 53–61.

Rojas-Martínez A, Godínez-Alvarez H, Valiente-Banuet A, et al., 2012. Frugivory diet of the lesser long-nosed bat (*Leptonycteris yerbabuenae*), in the Tehuacán Valley of central Mexico [J]. Therya, 3: 371–380.

da Rosa E S, Kotait I, Barbosa T F, et al., 2006. Bat-transmitted human rabies outbreaks, Brazilian Amazon [J]. Emerging Infectious Diseases, 12: 1197–1202.

Rossoni D M, Assis A P A, Giannini N P, et al., 2017. Intense natural selection preceded the invasion of new adaptive zones during the radiation of New World leaf-nosed bats [J]. Scientific Reports, 7: 11076.

Russo D, Ancillotto L, Jones G, 2018. Bats are still not birds in the digitalera: echolocation call variation and why it matters for bat species identification[J].Canadian Journal of Zoology, 96: 63–78.

Russ J, Montgomery W, 2002. Habitat associations of bats in Northern Ireland: implications for conservation [J]. Biological Conservation, 108: 49–58.

Russell A L, Butchkoski C M, Saidak L, et al., 2009. Road-killed bats, highway design, and the commuting ecology of bats [J]. Endangered Species Research, 8: 49–60.

Russo D, Jones G, Migliozzi A, 2002. Habitat selection by the Mediterranean horseshoe bat, *Rhinolophus euryale* (Chiroptera: Rhinolophidae) in a rural area of southern Italy and implications for conservation [J]. Biological Conservation, 107: 71–81.

Ryan E T, Hill D R, Solomon T, et al., 2020. Hunter's tropical medicine and emerging infectious diseases[M]. 10th ed. London: Elsevier.

Sachanowicz K, Ciechanowski M, 2006. First winter record of the migratory bat *Pipistrellus nathusii* (Keyserling and Blasius 1839) (Chiroptera: Vespertilionidae) in Poland: yet more evidence of global warming? [J]. Mammalia, 70: 168–169.

Safi K, Kerth G, 2007. Comparative analyses suggest that information transfer promoted sociality in male bats in the temperate zone[J]. American Naturalist, 170: 465–472.

Santana S E, Cheung E, 2016. Go big or go fish: morphological specializations in carnivorous bats [J]. Proceedings of the Royal Society of London B: Biological Sciences, 283: 20160615.

Santana S E, Dial T O, Eiting T P, et al., 2011. Roosting Ecology and the Evolution of Pelage Markings in Bats [J]. PLoS One, 6: e25845.

Santos S M, Carvalho F, Mira A, 2011. How long do the dead survive on the road? Carcass persistence probability and implications for road-kill monitoring surveys [J]. PLoS One, 6: e25383–e25389.

Sarkar S K, Chakravarty A K, 1991. Analysis of immunocompetent cells in the bat, *Pteropus giganteus*: isolation and scanning electron microscopic characterization[J]. Developmental & Comparative Immunology, 15: 423–430.

Schaub A, Ostwald J, Siemers B M, 2008. Foraging bats avoid noise [J]. Journal of Experimental Biology, 211: 3174–3180.

Schneider M C, Aron J, Santos-Burgoa C, et al., 2001. Common vampire bat attacks on humans in a village of the Amazon region of Brazil [J]. Cadernos de Saúde Pública, 17: 1531–1536.

Schnitzler H U, Moss C F, Denzinger A, 2003. From spatial orientation to food acquisition in echolocating bats[J]. Trends in Ecology and Evolution, 18: 386–394.

Schulz M, 2000. Diet and foraging behavior of the golden-tipped bat, *Kerivoula papuensis*: a spider specialist? [J]. Journal of Mammalogy, 81: 948–957.

Seluanov A, Gladyshev V N, Vijg J, et al., 2018. Mechanisms of cancer resistance in long-lived mammals [J]. Nature Reviews Cancer, 18: 433–441.

Shen Y Y, Liang L, Zhu Z H, et al., 2010. Adaptive evolution of energy metabolism genes and the origin of flight in bats [J]. Proceedings of the national academy of sciences of the United States of America, 107: 8666–8671.

Shetty S, Sreepada K S, 2013. Prey and nutritional analysis of *Megaderma lyra* guano from the west coast of Karnataka, India [J]. Advances in Bioresearch, 4: 1–7.

Shilton L A, Altringham J D, Compton S G, et al., 1999. Old World fruit bats can be long-distance seed dispersers through extended retention of viable seeds in the gut [J]. Proceedings of the Royal Society B: Biological Sciences, 266: 219–223.

Siemers B M, Kriner E, Kaipf I, et al., 2012. Bats eavesdrop on the sound of copulating flies [J]. Current Biology, 22: 563–564.

Siemers B M, Schaub A, 2011. Hunting at the highway: traffic noise reduces foraging efficiency in acoustic predators [J]. Proceedings of the Royal Society B: Biological Sciences, 278: 1646–1652.

Simmons J A,1973. The resolution of target range by echolocating bats[J].

Journal of the Acoustical Society of America, 54: 157–173.

Simmons J A, Moss C F, Ferragamo M, 1990. Convergence of temporal and spectral information into acoustic images of complex sonar targets perceived by the echolocating bat, *Eptesicus fuscus*[J].Journal of Comparative Physiology A, 166: 449–470.

Simmons N B, Seymour K L, Habersetzer J, et al., 2008. Primitive early eocene bat from wyoming and the evolution of flight and echolocation[J]. Nature, 451: 818–821.

Simpson S D, Radford A N, Nedelec S L, et al., 2016. Anthropogenic noise increases fish mortality by predation [J]. Nature Communications, 7: 10544.

Slabbekoorn H, Peet M, 2003. Birds sing at a higher pitch in urban noise [J]. Nature, 424: 267.

Smotherman M, Knornschild M, Smarsh G, et al., 2016. The origins and diversity of bat songs[J]. Journal of Comparative Physiology A, 202: 535–554.

Snowdon C T, 2017. Learning from monkey "talk" [J]. Science, 355: 1120–1122.

Stahlschmidt P, Brühl C A, 2012. Bats at risk? Bat activity and insecticide residue analysis of food items in an apple orchard [J]. Environmental Toxicology and Chemistry, 31: 1556–1563.

Start A N, 2008. Pollination of the baobab (adansonia digitata l.) by the fruit bat rousettus aegyptiacus e. geoffroy [J]. African Journal of Ecology, 10, 71–72.

Stevens G M W, Hawkins J P, Roberts C M, 2018. Courtship and mating behaviour of manta rays *Mobula alfredi* and *M. birostris* in the Maldives [J]. Journal of Fish Biology, 93: 344–359.

Stockmaier S, Dechmann D K N, Page R A, et al., 2015. No fever and leucocytosis in response to a lipopolysaccharide challenge in an insectivorous bat[J]. Biology Letters, 11: 20150576.

Stone E L, Jones G, Harris S, 2009. Street lighting disturbs commuting bats [J]. Current Biology, 19: 1123–1127.

Stone E L, Jones G, Harris S, 2012. Conserving energy at a cost to biodiversity? Impacts of LED lighting on bats [J]. Global Change Biology, 18: 2458–2465.

Struebig M J, Harrison M E, Cheyne S M, et al., 2007. Intensive hunting of large flying foxes *Pteropus vampyrus natunae* in Central Kalimantan, Indonesian Borneo [J]. Oryx, 41: 390–393.

Suga N, 2015. Neural processing of auditory signals in the time domain: Delay-tuned coincidence detectors in the mustached bat [J]. Hearing Research, 324: 19–36.

Suzuki T N, Wheatcroft D, Griesser M, 2020. The syntax-semantics interface in animal vocal communication[J]. Philosophical Transactions of the Royal Society B: Biological Sciences, 375: 20180405.

Swift S M, Racey P A, Avery M I, 1985. Feeding ecology of *Pipistrellus pipistrellus* (Chiroptera: Vespertilionidae) during pregnancy and lactation. II. Diet [J]. Journal of Animal Ecology, 54: 217–225.

Teeling E C, Springer M S, Madsen O, et al., 2005. A molecular phylogeny for bats illuminates biogeography and the fossil record [J]. Science, 307: 580–584.

Thabah A, Li G, Wang Y, et al., 2007. Diet, echolocation calls, and phylogenetic affinities of the great evening bat (*Ia io*; Vespertilionidae): another carnivorous bat [J]. Journal of Mammalogy, 88: 728–735.

Thomas D W, 1995. Hibernating bats are sensitive to nontactile human disturbance [J]. Journal of Mammalogy, 76: 940–946.

Thomas D W, Dorais M, Bergeron J M, 1990. Winter energy budgets and cost of arousals for hibernating little brown bats, *Myotis lucifugus* [J]. Journal of Mammalogy, 71: 475–479.

Towns D R, Atkinson I A E, Daugherty C H, 2006. Have the harmful effects of introduced rats on islands been exaggerated? [J]. Biological Invasions, 8: 863–891.

Tuttle M, 2018. Fear of bats and its consequences [J]. Journal of Bat Research & Conservation, 10: 66–69.

Tuttle M D, 2017. Give bats a break [J]. Issues in Science and Technology, 33:

41–50.

Tuttle M D, Stevenson D, 1982. Growth and survival of bats. In: Ecology of bats[M]. New York: Springer.

Tsoar A, Nathan R, Bartan Y, et al., 2011. Large-scale navigational map in a mammal[J]. Proceedings of the National Academy of Sciences of United States, 108: E718–E724.

Übernickel K, Simon R, Kalko E, et al., 2016. Sensory challenges for trawling bats: finding transient prey on water surfaces [J]. Journal of the Acoustical Society of America, 139: 1914–1922.

Ulanovsky N, Moss C F, 2007. Hippocampal cellular and network activity in freely moving echolocating bats [J]. Nature neuroscience, 10: 224–233.

Vehrencamp S L, Stiles F G, Bradbury J W, 1977. Observations on the foraging behavior and avian prey of the neotropical carnivorous bat, *Vampyrum spectrum*[J]. Journal of Mammalogy, 58: 469–478.

Vernes S C, 2017. What bats have to say about speech and language[J]. Psychonomic Bulletin & Review, 24: 111–117.

Vernes S C, Wilkinson G S, 2020. Behaviour, biology and evolution of vocal learning in bats[J]. Philosophical Transactions of the Royal Society B: Biological Sciences, 375: 20190061.

Voigt C C, 2014. Sexual selection in neotropical bats. In: Macedo R H, Machado G (eds). Sexual Selection - Perspective and Models from the Neotropics[M]. Orlando: Academic Press.

Voigt C C, Kingston T, 2016. Bats in the anthropocene: conservation of bats in a changing world [M]. New York: Springer.

Walsh A L, Harris S, 1996. Foraging habitat preferences of vespertilionid bats in Britain [J]. Journal of Applied Ecology, 33: 508–518.

Wang M, Chen K, Guo D G, et al., 2020. Ambient temperature correlates with geographic variation in body size of least horseshoe bats [J]. Current Zoology, published online. Https://doi.org/10.1093/cz/zoaa004.

Wang N, Li S Y, Yang X L, et al., 2018. Serological evidence of bat SARS-related coronavirus infection in humans, China [J]. Virologica Sinica, 33: 104–107.

Wanger T C, Darras K, Bumrungsri S, et al., 2014. Bat pest control contributes to food security in Thailand[J]. Biological Conservation, 171: 220–223.

Welbergen J A, Klose S M, Markus N, et al., 2008. Climate change and the effects of temperature extremes on Australian flying-foxes [J]. Proceedings of the Royal Society B: Biological Sciences, 275: 419–425.

Welch J N, Fordyce J A, Simberloff D S, 2016. Indirect impacts of invaders: a case study of the Pacific sheath-tailed bat (*Embullonura semicaudata rotensis*) [J]. Biological Conservation, 201: 146–151.

Welch J N, Leppanen C, 2017. The threat of invasive species to bats: a review [J]. Mammal Review, 47: 277–290.

Wilkinson G S, 1985. The social organization of the common vampire bat[J]. Behavioral Ecology and Sociobiology, 17: 123–134.

Williams-Guillen K, Perfecto I, Vandermeer J, 2008. Bats limit insects in a neotropical agroforestry system[J]. Science, 320: 70.

Wilson D E, 1997. Bats in Question: The Smithsonian Answer Book [M]. Washington: Smithsonian Institution Press.

Wilson D E, Mittermeier R A. Eds, 2019. Handbook of the Mammals of the World. Vol.9. Bats[M]. Barcelona: Lynx Edicions.

Wittenberger J F, Tilson R L, 1980. The evolution of monogamy: hypotheses and evidence[J]. Annual Review of Ecology and Systematics, 11: 197–232.

Wohlgemuth M J, Luo J, Moss C F, 2016. Three-dimensional auditory localization in the echolocating bat[J]. Current Opinion in Neurobiology, 41: 78–86.

Woods M, Mcdonald R A, Harris S, 2003. Predation of wildlife by domestic cats Felis catus in Great Britain [J]. Mammal Review, 33: 174–188.

Xie J Z, Li Y, Shen X R, et al., 2018. Dampened STING-dependent interferon activation in bats[J]. Cell Host & Microbe, 22: 297–301.

Yang X L, Hu B, Wang B, et al., 2016. Isolation and characterization of a novel bat coronavirus closely related to the direct progenitor of severe acute respiratory syndrome coronavirus[J]. Journal of Virology, 90: 3253–3256.

Zepeda Mendoza M L, Xiong Z J, Escalera-Zamudio M, et al., 2018. Hologenomic adaptations underlying the evolution of sanguivory in the common vampire bat [J]. Nature Ecology & Evolution, 2: 659–668.

Zhang K, Liu T, Liu M, et al., 2019. Comparing context-dependent call sequences employing machine learning methods: an indication of syntactic structure of greater horseshoe bats [J]. Journal of Experimental Biology, 222: jeb214072.

Zhou P, Cowled C, Marsh G A, et al., 2011.Type III IFN Receptor expression and functional characterisation in the Pteropid Bat, *Pteropus alecto*[J]. PLoS One, 6: e25385.

Zhou P, Yang X, Wang X, et al., 2020. A pneumonia outbreak associated with a new coronavirus of probable bat origin[J]. Nature, 579: 270–273.

Zuberbühler, K, 2019. Evolutionary roads to syntax[J]. Animal Behaviour, 151: 259–265.

附录 蝙蝠种名（中文）与学名（拉丁文）对照

种名（中文）	学名（拉丁文）	所属的科
凹脸蝠	*Craseonycteris thonglongyai*	凹脸蝠科（Craseonycteridae）
三叶蹄蝠	*Aselliscus stoliczkanus*	
非洲三叉蝠	*Cloeotis percivali*	
大蹄蝠	*Hipposideros armiger*	
康氏蹄蝠	*Hipposideros commersoni*	
中蹄蝠	*Hipposideros larvatus*	蹄蝠科 （Hipposideridae）
果树蹄蝠	*Hipposideros pomona*	
普氏蹄蝠	*Hipposideros pratti*	
南非蹄蝠	*Hipposideros caffer*	
赤色蹄蝠	*Hipposideros ruber*	
袋翼蝠	*Cormura brevirostris*	
缨蝠	*Rhynchonycteris naso*	
大银线蝠	*Saccopteryx bilineata*	鞘尾蝠科（Emballonuridae）
小银线蝠	*Saccopteryx leptura*	
埃及墓蝠	*Taphozous perforatus*	
黑髯墓蝠	*Taphozous melanopogon*	
非洲假吸血蝠	*Cardioderma cor*	
黄翼蝠	*Lavia frons*	
澳大利亚假吸血蝠	*Macroderma gigas*	假吸血蝠科（Megadermatidae）
印度假吸血蝠	*Megaderma lyra*	
马来假吸血蝠	*Megaderma spasma*	
查平犬吻蝠	*Chaerephon chapini*	
小犬吻蝠	*Chaerephon pumila*	
皱唇犬吻蝠	*Chaerephon plicata*	
大真蝠	*Eumops perotis*	
邦达犬吻蝠	*Molossus bondae*	犬吻蝠科（Molossidae）
獒蝠	*Molossus molossus*	
墨西哥游离尾蝠	*Tadarida brasiliensis*	
宽耳犬吻蝠	*Tadarida insignis*	
魏氏髯蝠	*Pteronotus personatus*	髯蝠科（Mormoopidae）
短尾蝠	*Mystacina tuberculata*	短尾蝠科（Mystacinidae）

种名（中文）	学名（拉丁文）	所属的科
埃及裂颜蝠	*Nycteris thebaica*	夜凹脸蝠科（Nycteridae）
巨裂颜蝠	*Nycteris grandis*	
墨西哥兔唇蝠	*Noctilio leporinus*	兔唇蝠科（Noctilionidae）
牙买加果蝠	*Artibeus jamaicensis*	
大食果蝠	*Artibeus lituratus*	
侏儒果蝠	*Artibeus phaeotis*	
小狭叶蝠	*Brachyphylla nana*	
绒假吸血蝠	*Chrotopterus auritus*	
普通吸血蝠	*Desmodus rotundus*	
白翼吸血蝠	*Diaemus youngi*	叶口蝠科（Phyllostomidae）
毛腿吸血蝠	*Diphylla ecaudata*	
洪都拉斯白蝙蝠	*Ectophylla alba*	
小长舌蝠	*Leptonycteris yerbabuenae*	
矛吻蝠	*Phyllostomus hastatus*	
缨唇蝠	*Trachops cirrhosis*	
美洲假吸血蝠	*Vampyrum spectrum*	
犬蝠	*Cynopterus sphinx*	
大长舌果蝠	*Eonycteris spelaea*	
小颈囊果蝠	*Epomophorus labiatus*	
冈比亚颈囊果蝠	*Epomophorus gambianus*	
印度狐蝠	*Pteropus giganteus*	
灰首狐蝠	*Pteropus poliocephalus*	狐蝠科（Pteropodidae）
马来大狐蝠	*Pteropus vampyrus*	
埃及果蝠	*Rousettus aegyptiacus*	
棕果蝠	*Rousettus leschenaultia*	
黄毛果蝠	*Eidolon helvum*	
中菊头蝠	*Rhinolophus affinis*	
马铁菊头蝠	*Rhinolophus ferrumequinum*	
大耳菊头蝠	*Rhinolophus macrotis*	菊头蝠科（Rhinolophidae）
单角菊头蝠	*Rhinolophus monoceros*	
菲菊头蝠	*Rhinolophus pusillus*	

种名（中文）	学名（拉丁文）	所属的科
中华菊头蝠	*Rhinolophus sinicus*	菊头蝠科（Rhinolophidae）
大鼠尾蝠	*Rhinopoma microphyllum*	鼠尾蝠科（Rhinopomatidae）
三色盘翼蝠	*Thyroptera tricolor*	盘翼蝠科（Thyropteridae）
苍白洞蝠	*Antrozous pallidus*	
欧洲宽耳蝠	*Barbastella barbastellus*	
亚洲宽耳蝠	*Barbastella leucomelas*	
灰伏翼	*Hypsugo pulveratus*	
南蝠	*Ia io*	
哈氏彩蝠	*Kerivoula hardwickii*	
白腹管鼻蝠	*Murina leucogaster*	
爪哇大足鼠耳蝠	*Myotis adversus*	
巴氏鼠耳蝠	*Myotis bechsteinii*	
尖耳鼠耳蝠	*Myotis blythi*	
棕红鼠耳蝠	*Myotis bocagei*	
布氏鼠耳蝠	*Myotis brandti*	
长指鼠耳蝠	*Myotis capaccinii*	
莹鼠耳蝠	*Myotis lucifugus*	
大趾鼠耳蝠	*Myotis macrodactylus*	蝙蝠科（Vespertilionidae）
大鼠耳蝠	*Myotis myotis*	
缨鼠耳蝠	*Myotis thysanodes*	
索诺拉鼠耳蝠	*Myotis vivesi*	
道氏鼠耳蝠	*Myotis daubentoni*	
大足鼠耳蝠	*Myotis pilosus*	
渡濑氏鼠耳蝠	*Myotis rufoniger*	
印第安纳蝠	*Myotis socialis*	
日本山蝠	*Nyctalus aviator*	
毛翼山蝠	*Nyctalus lasiopterus*	
欧洲褐山蝠	*Nyctalus noctula*	
中华山蝠	*Nyctalus plancyi*	
鲁氏暮蝠	*Nycticeius rueppellii*	
阿拉善伏翼	*Pipistrellus alaschanicus*	

种名（中文）	学名（拉丁文）	所属的科
东亚伏翼	*Pipistrellus abramus*	
西方伏翼	*Pipistrellus hesperus*	
香蕉伏翼	*Pipistrellus nanus*	
纳氏伏翼	*Pipistrellus nathusii*	
普通伏翼	*Pipistrellus pipistrellus*	
高音伏翼	*Pipistrellus pygmaeus*	
汤氏长耳蝠	*Plecotus townsendii*	蝙蝠科（Vespertilionidae）
褐长耳蝠	*Plecotus auritus*	
灰长耳蝠	*Plecotus austriacus*	
斑蝠	*Scotomanes ornatus*	
扁颅蝠	*Tylonycteris pachypus*	
褐扁颅蝠	*Tylonycteris robustula*	
东方蝙蝠	*Vespertilio sinensis*	

后记

　　蝙蝠在生态系统中发挥着重要作用，如害虫控制、植物授粉和种子传播等，具有巨大的生态和经济价值，而蝙蝠数量的急剧减少乃至种类消亡，无疑会打破生态系统的平衡，给人们带来无法估量的损失，甚至造成生态灾难。2019年的新冠肺炎疫情虽然将蝙蝠、穿山甲、蛇等野生动物推向风口浪尖，但与此同时，国内外生物学家通过互联网、书籍等发布了大量相关信息，使公众对野生动物的生存现状和生物多样性价值有了更为客观的认知。希望这次新冠肺炎疫情过后，人们能够深入思考人类与野生动物的关系，更好地秉承习近平总书记"坚持人与自然和谐共生"的国家方略，保护生物多样性，建设美丽中国！